Hochsensibilität und Leadership

Daniel Panetta

Hochsensibilität und Leadership

Subjektive Führungstheorien hochsensibler Führungskräfte

Mit einem Geleitwort von
Prof. Dr. habil. Rüdiger Reinhardt und Prof. Dr. Lars Jansen

Springer

Daniel Panetta
Stuttgart, Deutschland

ISBN 978-3-658-16354-9 ISBN 978-3-658-16355-6 (eBook)
DOI 10.1007/978-3-658-16355-6

Die Deutsche Nationalbibliothek verzeichnet diese Publikation in der Deutschen Nationalbibliografie; detaillierte bibliografische Daten sind im Internet über http://dnb.d-nb.de abrufbar.

Gedruckt auf säurefreiem und chlorfrei gebleichtem Papier

Springer ist Teil von Springer Nature
Die eingetragene Gesellschaft ist Springer Fachmedien Wiesbaden GmbH
Die Anschrift der Gesellschaft ist: Abraham-Lincoln-Str. 46, 65189 Wiesbaden, Germany

Geleitwort

Was bedeutet Hochsensibilität? Die grundlegende Arbeit zum Thema „Hochsensibilität" wurde von Aron und Aron (1997) veröffentlicht. Dort wird gezeigt, dass zwischen 15-20% der Personen über eine offenere und subtilere Wahrnehmung sowie einer intensiveren Verarbeitung von inneren und äußeren Reizen verfügen. Damit geht eine stärkere Erregbarkeit einher, die in reizintensiven Situationen leicht zu Übererregung führen kann. Aron und Aron (1997) sprechen daher von "sensory-processing sensitivity" bzw. von "highly sensitive persons" (HSP).

Was bedeutet Hochsensibilität bei Führungskräften? Betrachtet man diese Definition, so lässt sich leicht vermuten, dass sich die effektive Bewältigung von Führungsaufgaben durch HSP-Führungskräfte weitestgehend einander ausschließt. Möglicherweise führen Selektionsmechanismen auf organisationaler und eigener Ebene jedoch dazu, dass es womöglich vergleichsweise wenige HSP-Führungskräfte geben könnte. Wie auch immer: Die Forschungslage zum Thema „HSP bei Führungskräften" ist mehr als spärlich.

Bereits aus diesem Grund ist die Arbeit von Herrn Daniel Panetta hervorzuheben: Hier wird erstmalig das Konstrukt HSP im Führungskontext systematisch untersucht. Neben dem Innovationsgrad der Arbeit ist insbesondere auf ein wirklich fundiertes Forschungsdesign zu verweisen: Zunächst hat Herr Panetta dafür Sorge getragen, Führungskräfte mit hoher und niedriger HSP-Ausprägung zu identifizieren. Auf dieser Basis hat der Autor 17 Einzelinterviews (9 HSP-FK und 8 FK in der Kontrollgruppe) geführt, die sich an der Critical Incidence-Methode orientiert haben. Hier sollten sieben aus HSP-Perspektive kritische Situationen diskutiert werden. Die Analyse erfolgte mittels der Analysesoftware MAXQDA, im Mittelpunkt stand hierbei die Analyse der jeweiligen Ereignis-, Personen- und Selbstschemata im Rahmen des eigenen Führungsverhaltens.

Welche Schlussfolgerungen lassen sich aus der Arbeit ziehen? Für die Praxis – insbesondere aus der Perspektive der Führungskräfteentwicklung und möglicherweise auch für das Recruiting - stechen zwei zentrale Ergebnisse hervor: Einerseits beschreiben hochsensible Führungskräfte ihr Führungsverhalten als deutlich stimmungsabhängiger als die Führungskräfte der Kontrollgruppe. Andererseits wurde deutlich, dass HSP-Führungskräfte ein wesentlich höheres Bedürfnis nach Kongruenz zwischen ihren subjektiven Führungstheorien und ihrem tatsächlich gezeigten Verhalten zeigen. Bei vorsichtiger Interpretation lässt sich dieser Befund dahingehend zusammenfassen, dass es nicht zwingendermaßen zu einem Widerspruch zwischen Hochsensibilität und Führungsverantwortung kommen muss. Vielmehr sind Settings für solche Personen dann geeignet, wenn eine Vertrauenskultur vorliegt und entsprechende Anforderungen an authentisches Führungsverhalten bestehen.

Wir wünschen den Leserinnen und Lesern dieses innovativen Buches den erhofften Erkenntnisgewinn.

Prof. Dr. habil. Rüdiger Reinhardt Viernheim, Mai 2016

Professor für Wirtschaftspsychologie und Empirische Forschung (Hochschule für Wirtschaft und Umwelt Nürtingen-Geislingen)

Prof. Dr. Lars Jansen Hamburg, Mai 2016

Professor für Personalpsychologie (SRH Fernhochschule Riedlingen)

Vorwort

Liebe Leserinnen und Leser,

das von Ihnen erworbene Buch ist ein Werk gewissenhafter Arbeit. Neben dem langen Weg des Forschungsprozesses, haben viele Begegnungen mit interessanten Menschen stattgefunden, die von ihren Erlebnissen im Umgang mit Führung berichteten. Neben diesen teilweise humorvollen, aber auch ernüchternden Geschichten, durfte ich im Zusammenhang mit dem Thema Hochsensibilität auch Kurioses erleben. Im E-Mail-Verkehr mit diesem Verlag, Probanden oder einem Vorstand eines Vereins für Wirtschaftspsychologen wurde ich als „Frau Panetta" adressiert. Anfangs musste ich grinsen, später weniger. Nun erfuhr ich selbst eine bisher nur vermutete Konnotation des Begriffes am eigenen Leib. ‚Führung und Hochsensibilität' provoziert zweifellos und ist vielschichtig erschließbar.

An dieser Stelle möchte ich mich bei Kathrin Sohst, Marianne Schauwecker, Christian Schneider und Michael Jack bedanken. Sie stellten mir ihre Netzwerke zur Verfügung und erleichterten mir den Zugang zur Stichprobe. Besonderer Dank gilt den Probanden, dass sie mir ihr Vertrauen entgegenbrachten und sich die Zeit für die Interviews nahmen. Vielen Dank meiner Schwägerin Sabina für die Stunden produktiven Austauschs. Bei Prof. Reinhardt möchte ich mich für die allzeit konstruktiven Auseinandersetzungen bedanken und bei Prof. Jansen für die Begleitung der Arbeit.

Angi, vielen Dank für deine Engelsgeduld.

Das Buch ist nicht nur eine wissenschaftliche Abschlussarbeit über hochsensible Führungskräfte und deren subjektive Führungstheorien, sondern auch eine kritische Lektüre über das Thema. Es bietet sich auch als Zusammenfassung aktueller relevanter führungswissenschaftlicher Forschung an.

Ich freue mich über einen weiteren Austausch, wünsche viel Spaß mit diesem Buch und lade Sie dazu ein, bei Fragen mit mir Kontakt aufzunehmen.

Daniel Panetta, M.A. Stuttgart, Mai 2016
Inhaber der Consult&TrainingUnit.com

Inhaltsverzeichnis

Abkürzungsverzeichnis

AC	Assessment Center
ADHS	Aufmerksamkeitsdefizit-Hyperaktivitäts-Syndrom
bspw.	beispielsweise
bzw.	beziehungsweise
d.h.	das heißt
ebd.	Ebenda
EMG	Elektromyographie
engl.	englisch
EPI	Eysencks Persönlichkeitsinventar
FK	Führungskraft
fMRT	funktioneller Magnetresonanztomograph
ggf.	gegebenenfalls
HSFK	Hochsensible Führungskräfte
HSM	Hochsensible Männer
HSPn	Hochsensible Personen
HSPs	Highly Sensitive Persons
hsps	high sensory-processing sensitivity
MA	Mitarbeiter

MBTI	Myers-Briggs Type Indicator
MEP	motorisch evoziertes Potential
MLQ	Multifactor Leadership Questonnaire
mPFC	medialer Präfrontalkortex
PS-Fit	Person-Supervisor Fit
PTBS	Posttraumatische Belastungsstörung
S.	Seite
sps	sensory processing sensitivity
SUNY	State University of New York
TMS	transkranielle Magnetstimulation
ToM	Theory of Mind
TPJ	temporoparietale Übergangsregion
u.a.	unter anderem
usw.	und so weiter
vgl.	vergleiche
WB	Wahrnehmungsbegabung
vll.	Vielleicht
z.B.	zum Beispiel

Zusammenfassung

Titel: ***High sensory processing sensitivity*** **und *Leadership*. Eine qualitative Querschnittsstudie zu subjektiven Führungstheorien hochsensibler Führungskräfte.**

Hintergrund: Ungefähr 20% der amerikanischen Bevölkerung sollen von Hochsensibilität betroffen sein. Sie sollen besondere empathische Fähigkeiten besitzen. Dieses Phänomen wurde jedoch im Zusammenhang mit Führung noch nicht eingehend beforscht. In dieser Arbeit sollen Indizien dafür gesucht werden, ob sich hochsensible Führungskräfte von anderen Führungskräften unterscheiden. **Methode:** Neun hochsensible Führungskräfte nach der Zuordnung zu dieser Gruppe durch die HSP-Skala anhand eines teilstrukturierten Interviews befragt. Die Kontrollgruppe bestand aus acht nicht-hochsensiblen Führungskräften, die ebenfalls interviewt wurden. Die qualitative Auswertung der Daten erfolgte computergestützt anhand der strukturierten Inhaltsanalyse nach Mayring (2015). **Ergebnisse:** Die Gruppe der hochsensiblen Führungskräfte wies im Vergleich zur Kontrollgruppe in den Interviews eine stärkere Homogenität in ihren Aussagen auf. Weiterhin unterschieden sich hochsensible Führungskräfte insbesondere durch die vermehrte Nennung der Kategorie ‚Verträglichkeit'. **Diskussion:** Hochsensible Führungskräfte zeichnen sich in ihrem Führungsverhalten unter anderem durch eine gewisse Abhängigkeit von der Stimmung einer Situation aus. Darüber hinaus zeigen sie eine Übereinstimmung ihrer subjektiven Führungstheorie mit ihrem Führungsverhalten. Für zukünftige Forschungsvorhaben bestehen sowohl Anknüpfungspunkte, als auch Bedarf.

Schlagworte: Hochsensibilität, Führung, hochsensible Führungskräfte, subjektive Führungstheorien, Führungsverhalten, Wirtschaftspsychologie

Abstract

Title: ***High sensory processing sensitivity* and Leadership. A qualitative cross-sectional study on subjective leadership theories of highly sensitive executives.**

Purpose: Approximately 20% of Americans are considered to be affected by high sensitivity. They are presumed to have special empathetic abilities. However, this phenomenon has not yet been researched in detail in the context of leadership. This study therefore examines whether highly sensitive leaders differ from other executives. **Method:** After their assignment to this group, nine highly sensitive executives were questioned by the HSP - scale on the basis of semi-structured interviews. The control group consisted of eight non- highly sensitive executives who had also been interviewed. The qualitative examination of data was analysed with computer assistance on the basis of a structured content analysis introduced by Mayring (2015). **Results:** In comparison to the control group, the group of highly sensitive executives showed a stronger homogeneity in their statements throughout the interviews. Furthermore, highly sensitive executives distinguished themselves in particular by the increased acknowledgement of the category "compatibility". **Discussion:** Amongst other aspects, highly sensitive executives excel in their leadership behavior by a certain dependency on the mood of a situation. Moreover, their subjective leadership theory is consistent with their leadership behavior. There are both links and demand for future research on this matter.

Keywords: high sensory processing sensitivity, highly sensitive leaders, implicit leadership theories, leadership behavior, economic psychology

1. Einleitung

Erkundigte man sich im Internet oder auf der Straße, was eine Führungskraft ausmacht, so träfe man auf Beschreibungen, wie charismatisch, autoritär oder intelligent. Man müsste wahrscheinlich lange suchen, um eine Seite oder eine Person zu finden, die Sensibilität als wichtige Eigenschaft einer Führungskraft aufzählen würde. Dies lässt sich damit erklären, dass Sensibilität eine Eigenschaft darstellt, die eher dem weiblichen Stereotyp zuzuordnen ist, während der Stereotyp einer Führungskraft eine höhere Schnittmenge mit dem männlichen Geschlechtsstereotyp aufweist. Im Zuge der Diskussion um die Notwendigkeit von mehr weiblichen Führungskräften[1] in der Wirtschaft wird die Gültigkeit des Bildes einer typischen Führungsperson zunehmend in Frage gestellt. Damit eröffnen sich auch der Forschung Fragestellungen, denen bisher wenig Beachtung geschenkt wurde.

Das Thema Hochsensibilität bei Führungskräften stellt ein solches Thema dar, das in der Wissenschaft[2] bislang noch keine Beachtung gefunden hat. In der vorliegenden Arbeit werden die beiden Forschungsfelder *Hochsensibilität* und *Führung* zum ersten Mal zusammengeführt und in ihrem gemeinsamen Auftreten betrachtet. Im Spannungsfeld der bereits genannten scheinbaren Unvereinbarkeit dieser beiden Konstrukte werden die subjektiven Führungstheorien hochsensibler Führungskräfte beleuchtet[3] und daraus Implikationen für weitere Forschung und Anwendung gezogen. Eine qualitative Herangehensweise soll dabei dem Mangel an Theorien und der Fülle an Ansatzpunkten zu diesem speziellen[4] Thema Rechnung tragen.

---

1 Zur besseren Lesbarkeit wird die männliche Personenbezeichnung verwendet. Grundsätzlich sind jedoch beide Geschlechter angesprochen.

2 Zusatzinformationen und Zitate, die den Fließtext bereichern, allerdings nicht essentiell sind, stehen in den Fußnoten.

3 Die Einleitung gibt den Verlauf dieser Arbeit wieder. Etwaige Behauptungen werden in den jeweiligen Kapiteln belegt.

4 Es wird empfohlen die Verweise auf die Anhänge zu beachten, da sich Zusammenhänge so leichter erschließen.

Auf lange Sicht könnte eine Vertiefung der Forschung in diese Richtung zu einer Erweiterung der Sichtweise führen, was gute Führungskräfte ausmacht. Die Notwendigkeit und Vorteile von Sensibilität in der Führung von Unternehmen oder Abteilungen könnten tiefer in das Bewusstsein und die oft starren ökonomischen Denkmuster rücken und so neue Wege des *Leadership*[5] eröffnen.

1.1 Problemstellung

Hochsensibilität[6] als ‚Persönlichkeitseigenschaft' bei Menschen, wie sie in dieser Arbeit verwendet wird, beruht auf der Forschung von Aron & Aron (1997). Laut ihrer Forschung sind 15 – 20%[7] der amerikanischen Bevölkerung von Hochsensibilität direkt betroffen. Dies äußert sich im Vergleich zu Nicht-HSPs dadurch, dass ihr Nervensystem bei gleicher Situation und gleichem Reiz ein intensiveres Erregungsniveau erreicht (vgl. Blumentritt, 2012, S. 16f). Bedingt wird dies durch eine „[...] vergleichsweise offenere[] und subtilere[] Wahrnehmung sowie eine[] intensivere[] zentralnervöse[] Verarbeitung von inneren und äußeren Reizen [...]." (Becker, 2008, S. 83) Aron et al. schlussfolgern daraus, dass HSPs mit „[...] einer größeren sensorischen Verarbeitungsempfindlichkeit, stärkeren Reflexionsvermögen und einer stärkeren Erregbarkeit ausgestattet [...]" (Aron et al., 1997, S. 362 zitiert aus: Blumentritt, 2012, S. 17) sind. Diese ‚Persönlichkeitseigenschaft' bringt aber auch gewisse Vorteile mit sich, die allerdings nur bei Bewusstsein über das Merkmal abgerufen werden können. Andererseits wirken sich die Nachteile schwerwiegend aus (vgl. Aron, 2014, S. 77ff).

Unter den klassischen Persönlichkeitstypen von Führungskräften finden HSP bisher keine Erwähnung (vgl. Lang & Rybnikova, 2014, S. 42ff).

---

5 Der Großteil der wissenschaftlichen Literatur zum Thema Hochsensibilität ist ausschließlich in Englisch veröffentlicht. Um keine sinnhafte Verfälschung beim Zitieren zu verursachen, werden Zitate aus solchen Quellen im Englischen wiedergegeben.

6 Hochsensible Person (HSP)
Hochsensible Personen (HSPs)
High sensory-processing sensitivity (hsps)

7 http://www.hsperson.com/ [Stand: 20.10.2014]

Abzuleiten wäre dies u.a. davon, dass Charakterisierungen von Führungskräften Hochsensiblilität bisher nicht beachtet haben, bzw. dieser Begriff nicht relevant war. Es ist zwar bisher kein semantisches Differential zum Begriff ‚Hochsensibilität' vorhanden, jedoch lässt sich vermuten, dass die Konnotation des Begriffs im Zusammenhang mit dem Begriff ‚Führung' als ambivalent zu betrachten ist (siehe Kapitel 2.1.1.). Das ‚Outing' einer Führungskraft ‚hochsensibel' zu sein, könnte bei Mitarbeitern (MA) in Unternehmen Verwirrung stiften.

Aufgrund der behaupteten Normalverteilung des Phänomens über alle Gesellschaftsschichten ist davon auszugehen, dass es HSPs auch in vielen Berufen und somit ‚wahrscheinlich' auch unter Führungskräften gibt. Dieser Vermutung steht entgegen, dass es evtl. verschiedene (Selbst-) Selektionsmechanismen geben könnte, die verhindern, dass HSPs den Karriereweg als Führungskraft einschlagen. Aron (2014, S. 247) behauptet u.a. hierzu, „[...] dass sich die Lage der Welt verbessern könnte, wenn manche von ihnen an Schaltstellen der Macht säßen."

1.2 Zielsetzung

In dieser Arbeit wird das Phänomen hsps in den führungswissenschaftlichen Kontext eingeordnet. Neben dem engen Ziel der Forschungsfragen Merkmale, Verhaltensweisen und evtl. Stile hochsensibler Führungskräfte zu erfassen, gibt es noch Weitere, die weniger offensichtlich ihren Platz finden: Studien, die bisher unbeachtete Konstrukte verbinden, bieten dem Forscher einen Grund, sich intensiv zur Verzahnung der Konstrukte Gedanken zu machen. Über eine unkommentierte Spiegelung der Inhalte in den jeweiligen Kapiteln können geteilte Forschungsmethoden offengelegt und mögliche Potentiale vermittelt werden. Diese Verzahnung hat nicht nur theoriebasierte Auswirkungen, welche sich in dieser Arbeit widerspiegeln, sondern auch in ihrer Außenwirkung. Allein die öffentliche Suche nach Interviewpartnern könnte bei Dritten Erwartungen wecken, mehr darüber zu erfahren oder evtl. Einfluss auf den Erhebungsprozess zu nehmen, um ihre Interessen einzubringen. Die Generierung der

Ergebnisse und die damit verbundene Veröffentlichung erhöhen nicht nur die Kommunikation des Phänomens sowie eine evtl. Praxisimplikation, sie sollen ebenfalls einen kritischen Umgang mit hsps fördern. Durch das Schließen von Lücken und das intendierte Voranbringen der Diskussionen wird in einen Diskurs eingegriffen, aus welchem Impulse für weitere Studien entstehen können. Zum einen werden Perspektiven eröffnet, die führungswissenschaftlich, also auch für Organisationen, von Relevanz sind, zum anderen wird der Fundus an verschiedenen hsps-Studien erweitert.

1.3 Abgrenzung

Wenn man sich mit Hochsensibilität näher befasst, muss man zunächst einen Blick auf die Anfänge der Erforschung dieses Phänomens richten. Dieser Zeitraum liegt nicht weit zurück, bedenkt man, dass es immer schon Menschen gab, die ‚sensibel' auf bestimmte Reize reagiert haben. Bis dahin existierte nur noch kein Name, geschweige denn ein Messinstrument. Seit der Benennung ist es nicht verwunderlich, dass der Eindruck entsteht, es handle sich bei der Hochsensibilität um etwas Neues, eine revolutionäre Erkenntnis. Hier zeigen sich Parallelen zu anderen Phänomenen, die den Eindruck erwecken können, beinahe jeder Mensch könnte vom einen oder anderen betroffen sein, man müsste nur genau genug nachsehen.

Zum einen kann hier die Aufmerksamkeits-Defizit-Hyperaktivitäts-Störung (ADHS) genannt werden. Vor Bildung dieses Begriffs wurden Symptome dieser Störung bereits vom Psychiater H. Hoffmann im 19. Jahrhundert im Buch *Struwwelpeter* in der Geschichte vom *Zappel-Philipp* und *Hans Guck-in-die-Luft* auf humoreske Weise beschrieben. Den passenden Namen bekam das Phänomen erst in den 1960er Jahren von US-amerikanischen Ärzten. Diese vertraten zunächst die Ansicht, es handle sich hierbei um eine genetische Hirnschädigung. Nachdem bereits in den 1930er Jahren der Wirkstoff Benzedrin erfolgreich an Kindern mit Verhaltensstörungen getestet wurde und weitere verwandte Stoffe synthetisiert wurden, begann ab den 1960er Jahren ‚The Run on Ritalin', wie es Diller (1996) nannte (vgl. 1996 zitiert aus: Seidler, 2004).

Was genau es für eine Krankheit nun war, war bis dahin immer noch nicht zweifelsfrei erforscht, jedoch wirkte das Medikament dazu und die Pharmaindustrie boomte. Mittlerweile sinkt der Ritalin-Verbrauch in Deutschland zwar, was auch als Zeichen dafür gesehen wird, dass andere Therapieformen verstärkt genutzt werden, jedoch ist weltweit immer noch ein starker Zuwachs zu verzeichnen (vgl. Deutsches Ärzteblatt, 2015).

Als zweites Phänomen, welches in den vergangenen Jahren an Aufmerksamkeit gewonnen hat, ist das Asperger-Syndrom zu nennen, eine mildere Form des Autismus-Spektrums. Dies ist nicht zuletzt auch deswegen der Fall, weil es eine Komorbidität mit ADHS zeigt und so gerade bei Eltern von Kindern mit dieser Störung zusätzlich in Betracht gezogen werden könnte. Die Prävalenz wird von 0,3 bis hin zu 48,8 Betroffenen pro 10000 Menschen angegeben. Konservative Schätzungen sprechen von 2 - 3,3 Betroffenen pro 10000 Menschen. Das Asperger-Syndrom äußert sich darin, dass im Gegensatz zu ‚den Autisten', welche vor allem eine verminderte Fähigkeit, Emotionen und Absichten anderer zu interpretieren haben, sozial und kommunikativ wenig interagieren und eine starke Konzentration auf ein Thema oder eine Aktivität zeigen, die linguistischen und kognitiven Fähigkeiten gut erhalten sind (vgl. Pinel & Pauli, 2012, S. 262f). Es liegt jedoch die Vermutung nahe, dass Diagnosen in diesem Bereich stark zugenommen haben, weil bis vor wenigen Jahren die Kriterien für diese ‚Krankheit' nicht einheitlich festgelegt waren. Dies könnte u.a. dazu geführt haben, dass Diagnosen häufig leichtfertig gestellt wurden (vgl. Deutsches Ärzteblatt, 2012).

Nicht nur für Eltern betroffener Kinder ist eine Diagnose eine Erleichterung. Oft gibt es für komplexe und belastende Phänomene einfache Erklärungen. Auch für hochsensible Personen „[...] stellt sich eine umfassende Erleichterung ein: nicht nur ein Stein, sondern „Gebirgsketten" fallen vom Herzen." (Jack, 2014a)

2. Theoretischer Hintergrund

In diesem Kapitel werden die theoretischen Grundlagen für die verschiedenen Konstrukte dargelegt. Es bildet die Basis ab, durch die ein Verständnis für den Forschungsgegenstand eingeleitet werden soll. In dieser Arbeit treffen zwei unterschiedlich stark erforschte Konstrukte aufeinander: Hochsensibilität als kaum und Führung als intensiv erforscht. Beide Kapitel unterteilen sich jeweils in einen Definitionsteil und den Überblick. Der Definitionsteil bildet die Ursprünge ab, ohne die ein Verständnis über die Entwicklung des Konstrukts nicht hergestellt werden kann. Darauf aufbauend werden im Überblick die jeweiligen Konstrukte aus verschiedenen Fragestellungen und Fachrichtungen heraus betrachtet, in denen aktuelle empirische Ergebnisse abgebildet werden. Die jeweiligen Disziplinen werden in beiden Überblickskapiteln zur ergänzenden Übersicht gespiegelt, was eine Besonderheit dieser Arbeit darstellt. Beide Konstruktkapitel enden mit der Erläuterung des jeweiligen Schwerpunkts in dieser Studie.

2.1 Forschungsstand Hochsensibilität

Das Phänomen der Hochsensibilität und seine Auswirkungen wurden zum ersten Mal von Aron (1997) wissenschaftlich beschrieben und das Konstrukt geprägt. Zuvor wurden therapeutische sowie erfahrungsbasierende Berichte postuliert, auf welche sie sich bezieht und darauf aufbaut (vgl. Jung, 1913 zitiert aus: Aron, 2006). Das Thema wird erst seit wenigen Jahren beforscht und bietet die Möglichkeit in einer umfassenden Darstellung eine thematische Verzahnung, bzw. die Vorlage für einen Vergleich zum später vorgestellten Konstrukt ‚Führung' herzustellen.

2.1.1. Definition

Zu Beginn dieser Erläuterungen wird auf die Bedeutung des Begriffs ‚Hochsensibel' eingegangen. Darauf folgt eine evolutionspsychologische Erläuterung, welche Koexistenzen verschiedener Überlebensstrategien der Lebewesen als wahrscheinlich ansieht. Daran schließen sich Darstellungen der Studien von Aron (1997) an, um abzubilden, auf welche Informationen sich der aktuelle Forschungsstand bezieht. Das definitorische Verständnis des Forschers für das Phänomen hsps und die daraus abgeleitete Praxisrelevanz werden am Ende dieses Kapitels erläutert.

Semantik von Hochsensibilität

Dem Begriff der ‚Sensibilität' werden in Deutschland, Österreich und der Schweiz eine Vielzahl von Bedeutungen und vor allem Synonymen zuteil. Auf woxikon.de[8] gibt es 14 verschiedene Bedeutungen[9] und 105 verschiedene Synonyme. An erster Stelle steht die Bedeutung ‚dünnhäutig' (vgl. Sellin, 2014, S. 17f). Darunter findet man u.a. die Synonyme empfindsam, zart besaitet[10] (vgl. Parlow, 2006) und weich. Unter einer weiteren Synonymgruppe stehen u.a. folgende Begriffe: labil, schwierig, verletzbar und mimosenhaft. Das Adjektiv ‚hoch' „[...] drückt in Bildungen mit Adjektiven eine Verstärkung aus [...]." (duden.de)[11] Somit kann die Konnotation des Begriffs, neben den teilweise nüchternen Synonymen, in seiner Bedeutung auch abwertend betrachtet werden (vgl. duden.de)[12]. Es darf in diesem Zusammenhang behauptet werden, dass es u.a. diese Synonyme wären, die jemandem einfielen, würde er den Begriff (hoch-)sensibel vernehmen, was der intendierten Bedeutung jedoch nicht entspricht. Im englischen Sprachraum wurden unter den 45 angezeigten Synonymen[13] ähnliche Bedeutungen gefunden. Eine zielführende Definition von ‚sensitivity' ist hingegen in dem Onlinewörterbuch ‚the free dictionary' zu finden: „The capacity for receiving sensory impressions from the environment."[14] Die Übersetzung von ‚high sensitivity' in die deutsche Sprache (Hochsensibilität) brachte eini-

8 http://synonyme.woxikon.de/synonyme/sensibel.php [Stand: 30.01.2015]

9 Dünnhäutig, anfällig, nachtragend, reizbar, romantisch, sensibel, sehr empfindlich, seelisch, feinfühlig, verfeinert, verwundbar, empfindlich, gefühlsbetont, empfindsam.

10 http://www.zartbesaitet.net/ [Stand: 30.01.2015]

11 http://www.duden.de/suchen/dudenonline/hoch [Stand: 30.01.2015]

12 http://www.duden.de/suchen/dudenonline/hoch%20sensibel [Stand: 30.01.2015]

13 http://www.thesaurus.com/browse/sensitive?s=t [Stand: 30.01.2015]

14 http://encyclopedia2.thefreedictionary.com/sensitivity [Stand: 30.01.2015]

ge Verwirrungen mit sich. Aufgrund der genannten Bedeutungen von ‚hochsensibel' in den deutschsprachigen Ländern setzten sich verschiedene Begriffe in der populärwissenschaftlichen Literatur durch. Es etablierten sich neben Hochsensibilität die Begriffe Hochsensitivität (vgl. Heintze, 2013) und Hochsensivität (vgl. Huber, 2010). In dieser Arbeit wird jedoch von den genannten Begriffen ausschließlich ‚Hochsensibilität' verwendet. Personen, welche von diesem Phänomen direkt betroffen sind, werden nach Vorbild der wissenschaftlichen Literatur aus dem englischen Sprachraum als ‚Highly Sensitive Persons'[15] (HSPs)[16] bezeichnet. Das Phänomen selbst wird ‚high sensory processing sensitivity' (hsps) genannt.

Evolutionstheoretische Erwägungen

Aus evolutionstheoretischer Sicht (vgl. Pinel & Pauli, 2012, S. 29ff) ist hsps eine Überlebensstrategie von Lebewesen, insbesondere von Menschen, welche „[...] more reflective and stringent in their criteria for responses [...]" (Aron & Aron, 1997, S. 346) sein könnten. Bei der Recherche zu diesem Thema stießen Aron, et al. (1997) auf schon erforschte und beschriebene Phänomene, welche diese Strategie abbilden konnten. Es sind hier vor allem Ähnlichkeiten mit Forschungen zu Introversion und Schüchternheit zu nennen, bei welchen neben den vielen anderen Erkenntnisse besonders die Reizverarbeitung im Fokus steht. Als Gemeinsamkeit stellte sich heraus, dass vor allem der Eigenschutz vor Überstimulation durch Umweltreize ein brauchbarer Indikator ist. Introvertierte Personen neigen dazu Pausen einzulegen und Reize zu reflektieren (vgl. Gray, 1981 zitiert aus: Aron, et al., 1997, S. 347). Schüchterne Personen wählen sogar den Weg Geselligkeit zu vermeiden, da dies bei ihnen auch zu Überstimulation führen kann: „The reason for their low sociability would be its usefulness as a strategy for avoiding overstimulation." (Ebd., S. 349) Aron, et al. (vgl. 1997, S. 349f) sagen, dass diese Überlebensstrategie in der US-amerikanischen Kultur diskriminiert wird, da sie nicht dem ‚Idealbild'

15 Für einzelne Personen gilt reziprok ‚Highly Sensitive Person' (HSP)

16 Es existiert auch ein deutsches Akronym: ‚Hoch Sensible Personen' (HSPn) welches hier nicht verwendet wird.

einer Persönlichkeit entspricht. Kagan (1994), Mead (1935/1963), Murphy (1947) zitiert aus: ebd. relativieren dies jedoch: „[...] temperament traits can be ideal in some times and cultures and disparaged in others." (siehe Kapitel 2.1.2.)

Sieben Studien von Aron (1997)

Im folgenden Abschnitt wird ein Überblick über die sieben Studien von Aron, et al. (1997, S. 350ff) gegeben, um den bisherigen Forschungsverlauf zu schildern. In ihrer **ersten Studie** interviewten sie 39 Probanden, welche sich auf ihre Anfrage, u.a. *highly sensitive people* interviewen zu wollen, meldeten. Die Teilnehmer der Studie wählten sich selbst aus und wurden nicht durch ein vorab-Auswahlverfahren selektiert. In dieser Exploration began das qualitative Interview mit der Befragung der Hintergrundinformationen. Darauf folgte die Befragung der Teilnehmer zu ihren individuellen und subjektiven Theorien und Beschreibungen zu ‚sensitivity'. Danach füllten sie einen Fragebogen zu ihrem Bindungsstil[17] und den Myers-Briggs Type Indicator (MBTI)[18] aus. Sie fanden heraus, dass die Probanden laut MBTI in verschiedenen Kombinationen introvertiert und interessanterweise auch extrovertiert sind. Besonders Letzteres wird dadurch erklärt, dass dies eine Art ‚Schutzmechanismus' sein könnte, verschiedenen Stimuli proaktiv entgegenzuwirken. Über das Inventar zum befragten Bindungsstil wurde herausgefunden, dass sich die Stichprobe in drei Gruppen teilen ließ (glückliche Kindheit; nicht-glückliche Kindheit, therapiert; nicht-glückliche Kindheit, nicht therapiert). Zuletzt wurden bei über 70% der Probanden von Anzeichen berichtet, sich ‚anders' zu fühlen, bzw. verschiedene Strategien und Gemeinsamkeiten zu haben mit den äußeren Reizen und dem inneren Gefühlsleben umzugehen.

Studie zwei bis vier[19] bauten auf den Ergebnissen der Studie eins auf. Aus den qualitativen Ergebnissen wurde im Rahmen der Studien mit

---

17 Attachment-style questionnaire (Hazan & Shaver, 1987)

18 Myers Briggs Type Indicator (Myers, 1962)

19 Ziele der Studien 2 – 4: „[...] (a) the extent to which those themes that seemed in the Study 1 interviews to constitute a coherent core pattern were in fact consistently interrelated; (b) the relation of these core items (taken as a scale) to social intro-

Validierungsanspruch ein quantitatives Instrument generiert, in welchem die Anzahl der Items sukzessiv bis 27 erhöht wurde. In **Studie zwei** nahmen 319 Studenten[20] im Rahmen ihrer Vorlesungen an einer US-amerikanischen Universität[21] teil. 206 von ihnen hatten kurze Zeit zuvor schon den MBTI ausgefüllt. Die Ergebnisse wurden auf Korrelationen getestet. In **Studie drei** nahmen 285 Studenten im Rahmen ihrer Vorlesungen an sieben nordamerikanischen Universitäten an der quantitativen Untersuchung teil. Ihr Fragebogen wurde als Teil einer Statistikvorlesung für Psychologen ausgehändigt, ausgefüllt und die Methoden der empirischen Sozialforschung daran erläutert. Die Ergebnisse wurden später zentral durch Aron erfasst. In **Studie vier** wurde eine randomisierte Telefonumfrage (vgl. Schnell, Hill & Esser, 2005, S. 374f) in Santa Cruz Kalifornien durchgeführt. Es konnten hier 299 Datensätze ausgewertet werden (vgl. Aron, et al. , 1997, S. 351f). Die Studien zwei bis vier, welche als Validierungsblock zu betrachten sind, lieferten folgende Ergebnisse, welche auch die Kernaussagen ihrer Studien abbilden:

> (a) the core variables associated with high sensitivity as we have conceptualized it are highly intercorrelated and unidimensional in structure;
> (b) sensitivity is not redundant with social introversion;
> (c) sensitivity is related to but not redundant with emotionality;
> (d) sensitivity is not redundant with a combination of social introversion and emotionality;
> (e) there seem to be two types of highly sensitive individuals, one having had an unhappy childhood and being more emotional; and

version, (c) emotionally, and (d) social introversion and emotionality taken together; (e) the existence of any meaningful subgroupings of highly sensitive individuals; and (f) whether sensitivity moderated the relation of family environment to how childhood was experienced." (Aron & Aron, 1997, S. 351)

20 Engl.: undergraduates

21 USCS

> (f) sensitivity appears to moderate the link between parental environment and experiencing one's childhood as unhappy, at least for men. These results were consistent over three relatively large samples [...]. (Aron, et al., 1997, S. 358)

Studie fünf zieht Parallelen zu weiteren Inventaren wie Mehrabians (1976) Messinstrument für ‚stimulus screening' und Eysencks Persönlichkeitsinventar (EPI) (Eysenck & Eysenck, 1968), um die bisherigen Ergebnisse zu replizieren, zu vergleichen und die Konstruktvalidität weiter zu erhöhen (vgl. Schnell, et al., 2005, S. 156ff). Die Fragebögen wurden von 119 Studenten einer US-amerikanischen Universität ausgefüllt. Das Mehrabian Instrument korrelierte hoch (r = .64) und das Eysenck Inventar niedrig (r = .27) mit der derzeitigen HSP-Scale, welche noch nicht die volle Item-Anzahl hatte. Die **sechste Studie** verfolgte das Kernziel das Messinstrument, die HSP-Scale, weiter zu entwickeln, d.h. die Validität und die Reliabilität zu verbessern. So wurde sie zu ihren bisher 19 Items um weitere acht Items ergänzt. Der Fragebogen wurde von 172 Studenten der State University of New York (SUNY) ausgefüllt. Es wurde damit ein Cronbachs-Alpha von .87 erreicht. Ein Ziel der Studie war es, die Messung von ‚sensitivity' weiter zu verbessern. Weiterhin korreliert die HSP-Scale mit sozialer Intraversion (r = .45) und Emotionalität (r = .65). In **Studie 7** wurden im Abstand von fünf Tagen zwei Gruppen von Studenten an der SUNY befragt. Die erste Gruppe (109 Studenten) füllte ein Itempaket aus, welches aus der aktuellen 27-Item HSP-Scale, dem EPI (wie in Studie fünf) und einigen sensitivity-Variablen bestand. Das zweite Paket wurde von 64 Studenten ausgefüllt. Es bestand aus dem Big Five Inventar (BFI) von John, Donahue, Kentle (1992). Die Daten der zwei Gruppen wurden anhand der erfassten demographischen Daten gematcht (vgl. Schnell, et al., 2005, S. 222f). Die Unidimensionalität der HSP-Scale und das Cronbachs-Alpha (r = .85) konnten zum wiederholten Male bestätigt werden. Zudem wurde bestätigt, dass sensitivity Ähnlichkeit mit sozialer Introversion hat, jedoch nicht identisch ist. Innerhalb der Big-5 korreliert die HSP-Scale (r = .41) mit Neurotizismus und insgesamt mit den Big-5 (r = .54), jedoch mit keiner einzelnen anderen Dimension signifikant (vgl. Aron, et al., 1997).

Praktische Relevanz der Studien

Der nun an Universitäten und per Telefonumfrage validierte und als reliabel geprüfte Test zur Erfassung von ‚sensory processing sensitivity' (SPS) bei Personen ist das erste Instrument, welches den Anspruch hat SPS zu messen. Durch die Faktorenanalysen (vgl. Bortz, 2005, S. 511ff), welche im Zuge der Studien durchgeführt wurden, konnte eine Unidimensionalität für die Charakterisierung des Konstrukts SPS herausgefunden werden. Für den praktischen Gebrauch der HSP-Scale bedeutet das, dass „[...] die Teilergebnisse zu einem Gesamtergebnis zusammengefasst werden [...]" (ebd., S. 514) können und „[...] nicht getrennt ausgewertet werden [...]." (Ebd.) Dieses Selbstdiagnoseinstrument hat 27 Items zu je sieben Antwortmöglichkeiten, durch welche man insgesamt zwischen 27 und 189 Punkte erreichen kann. Die oberen 20-35% eines Samples gelten als hochsensibel (vgl. Liss, Timmel, Baxley, Killingsworth, et al., 2005, S. 1431), d.h. als Personen mit high sensory processing sensitivity, ergo: high sensitive persons (HSPs).

Aron (2014, S. 46) schlägt vor: die HSP-Scale „[...] sollte nie allein für sich verwendet werden, um herauszufinden ob ein bestimmter Patient dieses Wesensmerkmal besitzt. Es gibt keine Normen oder scharfen Trennwerte, und da die Punkte auf Selbstbeurteilung beruhen, steckt immer ein Stück Befangenheit im Ergebnis." Mit diesem Hintergrund wird die HSP-Scale, im Rahmen der Definition von hsps, als Identifikationsinstrument anerkannt. In der Arbeit mit diesem Phänomen muss daher das damit verbundene Verhalten stets berücksichtigt werden. Die Betroffenheit von hsps kann möglicherweise auch durch Selbstdiagnose hervorgerufen werden, welche eine evtl. damit verbundene Haltung auslösen könnte (vgl. Smith & Mackie, 2000, S. 94ff) und zu einer Art intrapersoneller ‚Selbsterfüllenden Prophezeihung' (vgl. Aronson, Wilson & Akert, 2008, S. 66) führen könnte. Aron (2014, S. 46ff) konnte aus ihrer therapeutischen Erfahrung im Umgang mit HSPs vier Indikatoren trennen, welche hier als Dimensionen für das Konstrukt hsps angenommen werden: eine gründliche Informationsverarbeitung, Übererregung, emotionale Intensität und sensorische Empfindlichkeit (siehe Operationalisierung).

2.1.2. Überblick

Es stellt sich folglich die Frage, ob (h)sps ein Phänomen abbildet, welches den vorübergehenden Zustand einer Person beschreibt, wie z.B. eine Grippe oder eine Laune, oder ein stabiles und unveränderliches Persönlichkeitsmerkmal ist. Als erster Erläuterungsschritt soll dazu auf die Vor- und Nachteile eingegangen werden, welche sich auf den Alltag auswirken:

> ***Nachteil*** einer leichteren Reizüberflutung, weshalb häufiger Phasen des Rückzugs erforderlich sind, in denen sich die HSP regenerieren kann. Beispiele für akut unangenehme Situationen wären große Menschenmengen und die laute Musik in einer Diskothek.
>
> ***Vorteil*** des intensiveren Erlebens und gründlicheren Reflektierens, was häufig zu größerer Vorsicht bzw. Umsicht führt. Ferner wird berichtet, schon kleine Freuden könnten bereits in starkem Maße erfüllend wirken. (Jack, 2014, S. 2)

In einschlägiger Literatur, welche dem populärwissenschaftlichem Bereich zuzuordnen ist, werden noch weitere Vor- und Nachteile bzw. Fähigkeiten von HSPs beschrieben, von welchen hier Abstand genommen wird. Die Frage kann dahingehend beantwortet werden, dass hsps nach aktuellem Stand keine gesundheitliche Disposition im Sinne des ICD-10[22] und des DSM-5[23] abbildet, d.h. kein (psychisches) Krankheitsbild darstellt. Aus einer stärkenorientierten Perspektive heraus wird behauptet, dass es angeboren ist, jedoch gelernt werden muss damit umzugehen, um die Vorteile entdecken zu können (vgl. Aron, 2014, S. 45ff). In seinen Auswirkungen kann hsps wie folgt charakterisiert werden:

> Hochsensible Menschen (HSP = Highly Sensitive Person) nehmen aufgrund neurologischer Besonderheiten äußere

---

[22] http://www.icd-code.de/ [Stand: 03.02.2015]

[23] http://www.dsm5.org/Pages/Default.aspx [Stand: 03.02.2015]

> und innere Eindrücke intensiver wahr. Häufig in diesem Zusammenhang gehörte Stichworte sind: „empfindlicheres Nervenkostüm“ oder „dünnhäutig“. Es ließe sich formulieren, dass pro Zeiteinheit mehr Informationen aufgenommen werden. (Jack, 2014, S. 2)

Menschen besitzen die Fähigkeit Reize aus der Umwelt wahrzunehmen, d.h. „[...] physikalische Energie, beispielsweise von Lichtwellen, in eine andere Form, beispielsweise Nervenimpulse [...]“ (Zimbardo & Gerrig, 2004, S. 119) umzuwandeln. Dieser Ablauf „[...] wird als Transduktion bezeichnet.“ (Ebd.) Den Grundlagen der Sinnesphysiologie ist zu entnehmen, dass für einen Transduktionsprozess physikalische und chemische Grundvoraussetzungen vorhanden sein müssen, d.h. Rezeptoren, welche die physikalischen Reize in elektrophysiologische Signale umwandeln (vgl. Pritzel, Brand & Markowitsch, 2009, S. 139f). Von dort aus erreicht das Signal Bereiche des Cortex (vgl. ebd., S. 20ff). Innerhalb dieser Abfolge wird bei HSPs eine Unterscheidung zu nicht-HSPs vermutet. In den folgenden Abschnitten werden die eben angesprochenen Themen weiter ausgeführt.

Neuropsychologische Erklärungen

Neben den bisherigen hauptsächlich erfahrungsbasierten und induktiv-psychologischen Herangehensweisen der genannten Studien, gibt es auch Bestrebungen physische Merkmale von HSP zu erforschen. In einer aktuellen Studie von Acevedo et al. (2014) wurden zum ersten Mal die neuronalen Aktivitäten von HSPs in Bezug auf visuell dargestellte Emotionen gemessen. Dazu wurden frisch und zukünftig Verheiratete und Paare mithilfe eines funktionalen Magnetresonanztomographen (fMRT) getestet. Zunächst wurde ihre Hochsensibilität mit einer 11-Item Version der HSP-Scale (vgl. Aron, et al., 2010 zitiert aus: Acevedo, et al., 2014, S. 582), in welcher Neurotizismus auspartialisiert wurde, erhoben. Im fMRT wurden ihnen dann in randomisierten Abläufen Fotos ihrer jeweiligen Partner oder Fremden mit jeweils positiven, negativen oder neutralen Gesichtszügen gezeigt. Um die Ergebnisse zu festigen, wurde eine Wiederholung dieser Maßnahme nach einem Jahr durchgeführt. Mit dieser Studie wollten Acevedo et al. (2014) herausfinden, ob sich

Probanden mit hohen Werten zu Probanden mit niedrigeren Werten auf der HSP-Skala bzgl. der aktivierten Gehirnareale für „emotions of close others versus strangers; particularly in brain regions reflecting awareness, empathy, and readiness to act" (Acevedo, et al., 2014, S. 582) unterscheiden. Sie fanden heraus, dass ein hoher HSP-Wert mit erhöhter Gehirnaktivität in Verbindung gebracht werden kann. Dies gilt insbesondere für den zingulären und prämotorischen Kortex, welche u.a. für Aufmerksamkeit und Planung, sowie Abgleichung von Bewegungsentwürfen zuständig sind. „For happy and sad photo conditions, SPS was associated with activation of brain regions involved in awareness, integration of sensory information, empathy, and action planning." (Ebd. S. 580)

Kulturelle Unterschiede

Aron, Ketay, Hedden, Aron, Ketay, Hedden, Hazel & Gabrieli (2010) versuchten ebenfalls dem Phänomen auf neuropsychologischem Weg und unter Einbezug kultureller Unterschiede näher zu kommen. Die Autoren postulierten, dass Amerikaner Urteile über kontextunabhängige Aufgaben leichter fällen können und es Ostasiaten leichter fällt, Urteile über kontextabhängige Aufgaben zu fällen. Die Stichprobe bestand aus zehn Amerikanern mit west-europäischen Vorfahren und zehn Ostasiaten im Alter von 18 bis 26 Jahren. Die Probanden sollten ebenfalls die Kurzversion der HSP-Skala mit 11-Items ausfüllen (vgl. ebd., S. 4). Danach wurde jeweils ein kulturspezifisches Instrument (vgl. Hedden, et al., 2008 zitiert aus: ebd.) angewandt, die Amerikaner mit einem Fragebogen zur Unabhängigkeit und die Ostasiaten mit einem Fragebogen zur Akkulturation, um neben den ‚physischen' Prädiktoren den kulturellen Hintergrund auch empirisch nachzuweisen. Während sie im fMRT gescannt wurden, mussten die Probanden Aussagen zu den relativen Längen von Linien (Kitayama-Paradigma), treffen (vgl. Kitayama, Duffy, Kawamura & Larsen zitiert aus: Zhou, Gotch, Zhou & Liu, 2008). Die Forscher fanden heraus, dass einige Probanden stärker von ihrer Kultur beeinflusst werden als andere. Insbesondere kamen sie zur Erkenntnis, dass es eine Kultur – Temperament (hsps)-Beziehung gibt: „[...] in which an established cultural difference, that of taking context into account in perceptual judgment, is weaker for individuals high in SPS." (Aron et. al., 2010, S. 6) Sie zogen aus den Ergebnissen folgende Schlüsse: Je höher der HSP-Wert der jeweiligen Probanden ist umso geringer die kulturellen Unterschiede und umso größer die Aktivierung des frontalen und parietalen Cortex (vgl. ebd., S. 5ff). Zhou, et al. (2008) konnten die Ergebnisse des Versuchsaufbaus von Kitayama et al. (2003) durch ihre Experimente nicht bestätigen. In ihren Ergebnissen können Ostasiaten die Länge einer Linie in Relation zu einem Viereck (Rahmen um die Linie) nicht signifikant genauer einschätzen, als US-Amerikaner.

Das Konstrukt der Sensibilität kann, unabhängig von diesem Experiment, in den verschiedenen vorhandenen Kulturen auch eine unterschiedliche Bedeutung mit sich bringen. Wie in der oben aufgeführten Studie haben sich Chen, Rubin & Sun (1992) einer Gegenüberstellung von Ostasiaten (Chinesen) und Kanadiern bedient. Sie arbeiteten zwar nicht mit Arons (1997) Sensibilitätsbegriff, ließen diesen jedoch von Grundschülern deuten: „[...] in China being a ‚sensitive, quiet' elementary school child is associated with peer popularity (such children are *guai*, ‚good or well behaved', and said to have *dong shi*, understanding, a common term of praise for children); the same characteristics were associated with being unpopular with peers in Canada." (Chen, et al., 1992 zitiert aus: Aron, 2004, S. 342) Dieses Ergebnis ergänzt das Kapitel zur Semantik des Hochsensibilitäts-Begriffs.

Prägung durch Umwelteinflüsse vs. Genetik

Es stellt sich bei der Betrachtung der hsps aus kultureller Perspektive auch die Frage, ob neben der Interpretation des Begriffs das Phänomen erblich, d.h. durch die Genetik bedingt ist, oder erlernt wird bzw. durch die Umwelt beeinflusst werden kann. Dies ist eine Grundsatzfrage, welche aktuell in der Sensibilitätsforschung zumindest vorübergehend eine Art Konsens gefunden hat. Da aktuell Validierungsstudien zu u.a. diesem Thema stattfinden und dies entkräften könnten, wird seitens des Forschers vorsichtig argumentiert (vgl. Konrad, 2015).

Jung (1913) hat sich der Sensibilität von Kindern und Erwachsenen im Rahmen seiner psychoanalytischen Forschung mit pathologischen Patienten hingegeben. Er sprach sich, auf seinen Erfahrungen beruhend, dafür aus, dass jede Art von Sensibilität auch angeboren sein kann. „An attentive observer of small children can detect, even in early infancy, any unusual sensitiveness." (Jung, 1913, S. 397 zitiert aus: Aron, 2004, S. 346) Aus seinen Aufzeichnungen lässt sich ableiten, dass er das Phänomen der Hochsensibilität nicht primär betrachtete, sondern sie u.a. als ‚Nebenprodukt' verschiedener Erlebnisse verstand, welche in seinen Berichten meist desillusionierender und selten auch schöner Art sein können. Dabei ist es jedoch wichtig, dass die angeborenen Voraussetzungen eines Patienten nicht ignoriert werden dürfen. Für seine Arbeit als Psychoanalytiker war es bei der Behandlung von Patienten mit pathologischen Erlebnissen bei der Betrachtung der Symptome weniger wichtig, ob die Sensibilität des Patienten angeboren oder aus der Erfahrung entstanden ist, sondern das Zusammenspiel des Angeborenen und der Erfahrung (vgl. ebd.). „Nothing could be more mistaken, though, than to regard this excessive sensitiveness as in itself a pathological character component." (Jung, 1913, S. 398 zitiert aus: Aron, 2004, S. 347)

Er schließt somit weder aus, dass es eine ‚gewisse' angeborene Sensibilität noch eine Pathologische gibt. Für Jung war eine angeborene Sensibilität ein eindeutiger Prädiktor für die frühzeitige Entwicklung von Neurosen (vgl. Jung, 1913, S. 409 zitiert aus: Aron, 2004, S. 347). Der damaligen pathologischen Definition[24] von Neurosen fügte er noch hinzu: „The neurotic is ill not because he has lost his old faith, but because he has not yet found a new form for his finest aspirations." (Jung, 1914, S. 668-9 zitiert aus: Aron, 2004, S. 349) Hierzu postuliert Aron (2006, S. 18), dass HSPs mit geringen Problemen in ihrer Kindheit nicht weniger depressiver oder ängstlich werden, als nicht-HSPs. Allerdings gibt es einen Einfluss von Problemen in der Kindheit bei HSPs, auf die Entwicklung von Schüchternheit, Depression und Ängstlichkeit.

In diesem Zusammenhang ist noch eine weitere Unterscheidung zu treffen: eine generelle Sensibilität gegenüber Reizen und Sensibilität

---

24 Zu dieser Zeit war es ein allgemeiner Begriff für psychische Störungen.

gegenüber spezifischen Situationen. „A complex always creates a sensitivity to those situations that constellate it. Constitutional sensitivity, with its more through processing of all experience, is both more consistent and less exaggerated, except where it overlaps with complex." (Aron, 2004, S. 357) Eine Besonderheit ist hier die psychische Störung der Posttraumatischen Belastungsstörung (PTBS). Sie kann sich durch eine besondere Wachsamkeit bzw. Ängstlichkeit gegenüber vielen Reizen äußern, von denen einige unterdrückt und andere wiederum besonders intensiv vernommen werden (vgl. ebd.).

Diese bisher eher hermeneutischen Herleitungen für das Argument, das für eine erbliche Determinante steht, werden durch Studien von Chen, Chen, Moyzis, Stern, He, Li & Dong (2011) unterstützt. Ihnen scheint eine genetische Veranlagung für Hochsensibilität wahrscheinlich. Ihren Ergebnissen nach kann Hochsensibilität mit Polymorphismen des Neurotransmitters Dopamin in Verbindung gebracht werden. Dopamin bzw. Dopaminausschüttung im Nucleus accumbens ist zentraler Bestandteil des Belohnungssystems des Gehirns (vgl. Pinel & Pauli, 2012, S. 472f). Die Autoren untersuchten 480 chinesische Studenten anhand ihrer Daten auf der HSP-Scale (Aron et al., 1997) und ihr Blut mit einer Genanalyse auf 98 Polymorphismen. Sie fanden bei 10 Loci (Genorte) signifikante Zusammenhänge. Damit konnten sie zeigen, dass das Phänomen hsps beim Menschen genetische Korrelate aufweist.

Persönlichkeit – BIG 5

Im Jahr 2006 führten Smolenska, Mc Cabe & Woodyin in einer Studie mit 851 Teilnehmern u.a. eine Faktorenanalyse mit der HSP-Skala (Aron et. al., 1997) durch. Für sie bestätigte sich die Aussage der Eindimensionalität der HSP-Skala nicht. Es stellte sich eine Drei-Faktoren-Lösung heraus: „*Ease of Excitation* (‚durch externe und interne Anforderungen psychisch überfordert', ‚Erregbarkeit'), *Aestethic Sensitivity* (‚ästhetische Sensitivität') und *Low Sensory Threshold* (‚niedrige sensorische Erregungs- bzw. Reizschwelle')." (Blumentritt, 2012, S. 37f) Smolenska et. al. (2006) korrelierten diese Faktoren mit dem Fünf-Faktoren-Modell (NEO-FFI) nach Costa und McCrae (1989). In dieser Studie korrelierte ästhetische Sensitivität hoch mit Offenheit für Erfahrungen und die niedrige sensorische Reizschwelle und Erregbarkeit mit Neurotizismus (vgl. Blumentritt, 2012, S. 38; vgl. Aron, et. al., 2012, S. 13). Ahadi und Bashapoor (2010) konnten diese Ergebnisse in Ihrer Studie mit 180 Studenten bestätigen. Sie verwendeten ebenfalls die HSP-Skala (Aron et. al., 1997) und den NEO-FFI von Costa und McCrae (1989).

Licht, Mortensen & Knudsen (2011) untersuchten in einem ähnlichen Versuchsaufbau wie Chen, et al. (2011) Blutproben von 169 Probanden Polyamorphismen des Neurotransmitters Serotonin auf Zusammenhänge mit dem NEO-PI-R von Costa & McCrae (1992), Temperament and Character Inventory (TCI) von Cloninger et al. (1994), HSP Scale (Aron et al., 1997) und der Revised Hopkins Symptoms Checklist (SCL-90R) von Derogaritis LR (1994; Quellen zitiert aus: Licht et al., 2011). Sie fanden heraus, dass SPS positiv mit dem weiblichen Geschlecht, Disstress, Neurotizismus, Schadensvermeidung, Offenheit und negativ mit Extraversion korreliert. Hsps korreliert mit den Serotonintransmitterwerten wenn das Geschlecht der Probanden, Alter, Disstress und die Persönlichkeitseigenschaften Neurotizismus, Extraversion und Offenheit mit einbezogen werden (vgl. Licht et al., 2011). „Erblichkeitsstudien zeigen, dass fast alle Persönlichkeitseigenschaften durch genetische Faktoren beeinflusst werden […].“ (Loehlin et. al., 1998 zitiert aus: Zimbardo & Gerrig, 2004, S. 608)

Eigenständige Gruppe vs. Normalverteilung

Neben den schon erwähnten Merkmalen und Besonderheiten von HSPs stellt sich u.a. die Frage, wie sich HSPs von nicht-HSPs unterscheiden. Es soll dabei nicht diskutiert werden, welche Merkmale sie unterscheiden, sondern wie sich die HSPs auf eine Grundgesamtheit verteilen, d.h. entweder dimensional oder kategorial. In der Literatur wird häufig von einem ‚Cut-Off‘ Wert gesprochen, d.h., dass Probanden, welche auf der HSP-Skala (Aron et al., 1997) die 15 - 20% der höchsten Werte haben, als hochsensibel gewertet werden. Diese vermittelte Dichotomie zwischen hochsensiblen und nicht-hochsensiblen Menschen lässt vorerst auf diese zwei Kategorien schließen.

Blumentritt (2012) wollte in ihrer quantitativen Studie zeigen, dass die von Aron (1999) postulierten Werte[25] auf die Verteilung von hsps unter Studierenden an der Universität Bielefeld übertragbar ist (vgl. Blumentritt, 2012, S. 71). Sie verwendete eine von ihr ins Deutsche übersetzte Fassung der HSP-Scale (vgl. Aron et al., 1997). Bei der Studie konnten 1410 Datensätze verwertet werden. Sie fand heraus, dass „[...] eher von verschiedenen Abstufungen des Merkmals high sensory-processing sensitivity als von einer abgrenzbaren hochsensitiven Gruppe wie in den bisherigen Forschungsergebnissen gesprochen werden [...]" (Blumentritt, 2012, S. 169) kann. Die „Darstellung des Merkmals ließ eine Gauss-Verteilung erkennen." (Ebd.)

Im selben Jahr hat Borries (2012) eine Studie veröffentlicht, in welcher sie herausfinden wollte, ob SPS ein Taxon ist. Sie wertete mit mehreren taxometrischen Analysemethoden 898 Datensätze aus. Die Probanden füllten eine modifizierte 31 Items-Version der HSP-Scale (Aron et al., 1997) aus. „Der taxonische Befund stützt die Annahme, dass hochsensitive Personen eine Klasse von Menschen bilden, die sich durch Art und Weise definiert, wie Sinneseindrücke und Gefühle verarbeitet werden. Folglich bestehen die Unterschiede zwischen HSPn und ihren Mitmenschen nicht in graduellen Abstufungen, sondern sie sind vielmehr *qualitativer* Art." (Ebd., S. 124) Dies bedeutet, dass Arons Behauptung einer hochsensiblen ‚Gruppe' unterstützt wird. Anhand der Ergebnisse kann allerdings nicht nachvollzogen werden, wie der Cut-Off (20%) von Aron (1997) gesetzt werden konnte, dieser aber durch die Studie von Borries (2012, S. 126) bestätigt wurde.

Auf den ersten Blick scheint hier ein perspektivischer Konflikt aufgedeckt zu sein, der entweder eine abgegrenzte Gruppe oder eine Normalverteilung des Phänomens postuliert. Auf den zweiten Blick kann dieser Widerspruch allerdings relativiert werden, da sich Borries (2012) auf die Erkennung und Deutung latenter Variablen und Blumentritt (2012) auf die Messung manifester Variablen, die normalverteilt sein können, fokussierten.

---

25 15 – 20% der amerikanischen Bevölkerung sollen hochsensibel sein.

Psychophysiologische Erläuterungen

Aus psychophysiologischer Perspektive veröffentlichten Blach & Egger (2014) eine Studie zum Thema hsps. „Es wurde überprüft, inwieweit Ängstlichkeit, Depression, Stress, Alter und Geschlecht das mittels eines spezifischen Erhebungsinstruments gemessene Konstrukt *Hochsensibilität* vorhersagen.“ (Blach & Egger, 2014, S. 4) Zudem wollten die Forscher herausfinden, ob HSPs stärker auf Stress reagieren und ihren Herzschlag präzisier wahrnehmen können (vgl. ebd.). Sie testeten in diesem Rahmen 50 Probanden. Dazu wurden der Fragebogen zur Feinfühligkeit (vgl. Blach & Egger, 2011), mehrere Inventare zu chronischem Stress[26], respektive Angst- und Ängstlichkeits-[27], Depressions-[28] und Herzschlagwahrnehmungstests, angewandt. Anhand der Summenwerte dieser Tests[29] kann Hochsensibilität zu 59% vorausgesagt werden. Im Detail bedeutet das, „je höher die Änstlichkeitswerte sind, desto höher ist die Hochsensibilität ausgeprägt.“ (Ebd., S. 12) Folgt man diesen Ergebnissen, so „[...] berichten stärker sensible Personen neben höheren Ängstlichkeitswerten auch über deutlich höhere Stress-, und Depressivitätssymptome.“ (Ebd.)

Diese Beobachtung teilt auch Benham (2006) durch seine Studie zu Stress und physischen Krankheitsbildern von HSPs. „The results demonstrated that high sensory-processing sensitivity [...] is associated with greater perceived stress and more frequent symptoms of ill health.” (Benham, 2006, S. 1438) Bezüglich des Alters der Probanden lässt sich herausstellen, dass die Sensibilitätswerte mit steigendem Alter zunehmen, was bspw. als steigende Erfahrung oder als Zunahme von ‚Gebrechen‘ interpretiert werden kann (vgl. Blumentritt, S. 171). Hingegen konnte in dieser Studie kein signifikanter Zusammenhang zwischen ‚chronischer Krankheit‘ und Hochsensibilität festgestellt werden.

---

26 TICS Trierer Inventar zum Chronischen Stress (Schulz, Schlotz & Becker, 2004)

27 STAI State-Trait-Angstinventar (Laux, Glanzmann, Schaffner & Spielberger, 1981); BAI Beck-Angst-Inventar (Margraf & Ehlers, 2007)

28 BDI 2 Beck-Depressions-Inventar 2 (Hautzinger, Keller & Kühner, 2009)

29 Ohne Herzschlagwahrnehmungstest

Als letzter zu prüfender Zusammenhang ist das Geschlecht zu nennen. Männer konnten ihren Herzschlag genauer wahrnehmen als Frauen, obwohl Frauen die höheren Sensibilitätswerte hatten. Die Herzschlagwahrnehmungsfähigkeit korreliert mit der Fettmasse des Körpers, das heißt je mehr Fettmasse, umso unpräziser die Herzschlagwahrnehmungsfähigkeit (vgl. Blach & Egger, 2014, S. 13f). Hochsensibilität ist somit ein „[...] primär psychologisches Phänomen [...], das erst sekundär physiologische Auswirkungen generiert." (Ebd., S. 12)

Die Rolle des Geschlechts

In den letzten Kapiteln wurde das kontroverse Thema des Geschlechts im Bezug zur Hochsensibilität bereits angesprochen. Gearhart (2012) untersuchte in seiner Studie, in welcher u.a. ein Kapitel die Überschrift „HSM Are Not „Real Men"?" (S. 77) hat, inwiefern Liebesbeziehungen durch hochsensible Männer beeinflusst werden. Der Forscher prüft damit auch die These von Aron (2000), in welcher sie behauptet, dass hochsensible Männer (HSM) sich von nicht-HSM unterscheiden. „Die Vorzüge von HSP in Beziehungen liegen auf der Hand – zum Beispiel sind wir gewissenhaft, intuitiv, aufnahmefähig für die Stimmungen anderer und bereit, gründlich darüber nachzudenken, was vor sich geht." (Aron, 2006, S. 52) Sie behauptet jedoch auch, „[...] dass eine Beziehung mit einer HSP das Potenzial in sich trägt, entweder außergewöhnlich erfolgreich oder auf ganzer Linie erfolglos zu werden." (Ebd.)

Aron (2000) sieht die HSM in einem Konflikt mit den klassischen und traditionellen amerikanischen Verständnis für Maskulinität (vgl. ebd, S. 50). Sie baut ihre Argumentation mit dem Hinblick auf die ‚Mängel' der amerikanischen Männer (nicht-HSM) auf. Sie ging insbesondere darauf ein, dass Männer ihre Emotionen nur mangelhaft ausdrücken könnten, nicht aufmerksam gegenüber Emotionen anderer und rücksichtlos seien (vgl. Bem, 1974; Mahalik et. al., 2003 zitiert aus: Gearhart, 2012, S. 77). Da HSM diese ‚Lücken' jedoch mit ihren Fähigkeiten ausfüllen, meint Aron (2006, S. 88f), dass HSM oft als feminin wahrgenommen werden können. Diese evtl. geringere Indentifizierung der HSM mit diesen klassischen Attributionen, welche für Aron auch eine klassische männliche Rolle repräsentieren, könnte bei HSM Stress verursachen, sich in dieser Rolle nicht zu finden (engl. ‚gender role stress') (vgl. ebd., S. 89).

Gearhart (2012) hat dazu 81 heterosexuelle Paare an der Lousiana State University untersucht. „The overall purpose of this dissertation is to determine the positive and negative influences of SPS on interpersonal relationships and communication." (Ebd., S. 6) Die 81 männlichen Probanden sollten verschiedene Onlinefragebögen[30] ausfüllen und dem Forscher die Kontaktinformationen ihrer Freundinnen weitergeben. Diese wurden dann zu ihrer Beziehungszufriedenheit und der Verhaltensregulierung[31] ihrer Freunde befragt.

Gearhart (2012) fand heraus, dass HSM im Vergleich zu nicht-HSM ihren Gefühlen mehr Ausdruck verleihen können[32]. Das äußert sich dadurch, dass sie vor allem negative Gefühle wie Enttäuschungen kommunizieren, da sie emotional reaktiv sind (vgl. ebd., S. 111; Jagiellowicz, 2012). Des Weiteren wurde herausgefunden, dass HSM einen höheren Stress verspüren ihre Geschlechterrolle auszufüllen, als nicht-HSM (vgl. ebd., S. 104). „Do HSM experience greater gender role stress, the answer is yes, but not because they are more conforming to American masculine ideology." (Ebd., S. 112) Dies ließe sich jedoch eher durch Erfahrungen erklären, in denen ihnen suggeriert wurde 'nicht männlich genug' zu sein, was sich wiederum durch ihre gefühlvollere Art auch in der Beziehung in den Fragebögen widerspiegelt (vgl. ebd., S. 112f).

2.1.3. Fokus der Hochsensibilität in dieser Studie

Aufbauend auf den vorgestellten Studien und als Überleitung zum nächsten Kapitel verjüngt sich in diesem Kapitel der Fokus auf die Umstände von HSPs in der Arbeitswelt. Neben den Herausforderungen von HSP in diesem Kontext, gibt es allerdings auch Vorteile der Hochsensibi-

---

30 Highly Sensitive Persons Scale (Aron, 1997); Relationship Assessment Scale (Hendrick, 1988); Conformity to Male Norms Inventory (Mahalik et. al., 2003); Gender Role Conflict Scale (O'Neil et. al., 1986)

31 Engl.: Affect management behavior

32 Engl.: expressive

lität, welche durch kaum seriös-wissenschaftliche Literatur, sondern eher durch populärwissenschaftliche Literatur hervorgehoben wird. Hierzu zählen u.a. „Kreativität im Überfluss, dazu Gewissenhaftigkeit, Loyalität und Empathie für Kunden und Mitarbeiter." (Aron, 2014, S. 227) Es konnte bei Rizzo-Sierra, Leon-Sarmiento & Leon-Sarmiento (2012) eine positive Korrelation zwischen Hochsensibilität und u.a. Kreativität[33] festgestellt werden.

Aron (2014) postuliert ebenfalls, dass HSP „[...] in der Unternehmenswelt schnell aufsteigen [...]" (ebd., S. 231) und „mit der Zeit häufig an Status und Macht [...]" (ebd., S. 237) gewinnen.[34] Um diesen Status längere Zeit halten zu können, stehen ihnen allerdings ihr ethisches und moralisches Verständnis im Weg, welche sie im Widerspruch zu ihrer Tätigkeit sehen. Für HSP ist es auch der Sinn einer Tätigkeit, den sie ihn ihrem Beruf sehen müssen, um darin glücklich zu werden.

Jahoda (1982) unterscheidet zwischen einer manifesten Funktion (*Gelderwerb*) und fünf latenten Funktionen (*Die Auferlegung einer festen Zeitstruktur, Sozialkontakt, Status und Identität, die Teilhabe an kollektiven Zielen, regelmäßige Aktivität*) für Erwerbsarbeit. Diese Dimensionen haben laut Jahoda einen direkten Einfluss auf die psychische Gesundheit (vgl. Hollederer & Brand, 2006, S. 36). Dabei könnten es die „[...] Zusammenhänge von HSPS mit den Merkmalen Spiritualität, Moralvorstellung und starker Gerechtigkeitssinn [...]" (Hoffmeister, 2012, S. 115) sein, durch die sie evtl. an ihre Grenzen stoßen, wenn der erworbene Status und die Identität nur bedingt den moralischen Vorstellungen entspricht (vgl. Nerdinger, Blickle & Schaper, 2011, S. 174ff).

Parlow (2006, S. 180) berichtet auch von Berufen, die HSPs vergleichsweise häufig ausüben. Dazu zählt er u.a. Psychologen, Sozialarbeiter, Lehrer und Wissenschaftler. Daraus ließe sich vermuten, dass es unter sozial- und geisteswissenschaftlichen Berufen mehr HSP gibt. Blumentritt (2012, S. 159ff) hat in ihrer Studie festgestellt, dass es unter Studie-

---

33 Engl.: creativity-like characteristics

34 Aron (2014) führt dazu keine empirischen Ergebnisse auf.

renden der Geisteswissenschaften keine signifikant höheren Werte auf der Highly Sensitive Person Scale gibt, als bei Studierenden der Naturwissenschaften. Eine sogenannte Selbstselektion konnte nicht bestätigt werden. Zudem gab es in der Studie von Hoffmeister (2012) „Die geringsten Korrelationen [...] zwischen dem Merkmal HSPS und den Variablen „Hilfsbereitschaft" sowie „prosoziales" Verhalten." (Ebd., S. 116)

„Die Hochsensiblen können beinahe jede Arbeit machen, wenn sie sie auf ihre Art tun können." (Aron, 2014, S. 235) Das deckt sich mit den Ergebnissen der Studien von Gearhart (2012, S. 69f). Er fand heraus, dass HSP ihr Arousal (Erregungszusstand) bewusster wahrnehmen und aufmerksamer ihrer Umgebung gegenüber sind. „[...] HSPs notice more sensory stimuli, „pause and check" them out, and process subtle stimuli for longer durations." (Ebd.) Zudem lassen sich HSP schneller als nicht-HSP ablenken und das durch alle Arten von Stimuli, besonders anfällig sind sie jedoch für auditive Reize (vgl. ebd., S. 70). Für Aron (2014, S. 239f) ist es die Arbeitsumgebung, die es HSPs oft schwer macht ihren Arbeitsalltag, ihre Fähigkeiten voll ausschöpfen zu können. Zu diesen „[...] krank machenden Umgebungsfaktoren [...]" (ebd.) gehören vorallem Großraumbüros, laute-störende Unterhaltungen und schlechtes Licht. In diesen Arbeitsumgebungen ist es für HSP schwierig ihr ‚optimales Aktivitätsnivau'[35] zu erreichen. Das Aktivitätsniveau ist die „Ebene des seelischen Geschehens, die den schrittweisen Übergang vom tiefen Schlaf über den ruhigen Wachzustand bis zut normalen Tätigkeit und zu Erregungsspitzen bei heftigem Affekt beschreibt." (psychologie48) Den Zusammenhang zwischen Aktivitätsniveau und Leistungsfähigkeit beschreibt das Gesetz nach Yerkes & Dodson (1908). Es besagt, dass die Leistungsfähigkeit bei einem zu geringen oder einem zu hohen Aktivierungsniveau, welches durch externe Reize angeregt wird, nicht voll ausgeschöpft werden kann. Das optimale Aktivierungsniveau ist individuell verschieden.

Würde man diese Ergebnisse interpretieren, wäre es weniger das Verhalten der HSPs, welches ihre Entscheidung einen bestimmten Beruf zu

---

35 Engl.: Arousal

erlangen oder ihren ‚Aufstieg in der Unternehmenswelt' beeinflusst, sondern eine Fähigkeit/Persönlichkeitseigenschaft. Man spricht hier auch von einem Konsistenzparadoxon: „Die Beobachtung, dass Beurteilungen der Persönlichkeit im Laufe der Zeit und über verschiedene Beobachter hinweg konsistent sind, während Beurteilungen des Verhaltens situationsübergreifend nicht konsistent bleiben." (Zimbardo & Gerrig, 2004, S. 610)

Hoffmeister (2012, S. 118ff) fand heraus, dass HSPs besondere Leistungen im Bereich der sozialen Perspektivenübernahme[36] besitzen. „Durch ihre „Sensibilität in Bezug auf Reize" und die Tendenz zu einer „tieferen Verarbeitung", wurde angenommen, dass Hochsensible in diesem Bereich zu sehr guten Leistungen[37] in der Lage sind. [...] Das Ergebnis spricht jedenfalls für diese Annahmen." (Ebd., S. 119) Theory of Mind (ToM) bezeichnet die „[...] Fähigkeit, mentale Zustände anderer Personen, die oftmals von der eigenen mentalen Perspektive abweichen, repräsentieren zu können [...]." (Frith & Frith, 1999 zitiert aus: Bodden, 2010, S. 4) Aus diesen repräsentierten ‚Zuständen' lässt sich das wahrscheinliche Verhalten der anderen Personen voraussagen. „Hochsensible erzielten [...] durchschnittlich mindestens zehn Punkte mehr als Nicht-Hochsensible [...]." (Hoffmeister, 2012, S. 93) Es ist jedoch zu erwähnen, dass entgegen der literaturbasierten Beschreibung des Phänomens ToM nach Bodden (2012, S. 4f) in der Studie die Fähigkeit wahrscheinlich eher nicht auf die Fähigkeit des ‚Lesens' äußerer Eindrücke zurückzuführen ist: „[...] HSPs were not more accurate at recognizing the facial, bodily, or vocal expressions of actors in the control condition." (Gearhart, 2012, S. 70) ToM ist somit nicht als Synonym für Empathie oder emotionale Intelligenz (vgl. Goleman, 2007) zu verstehen, die erlauben, „[...] die Gefühle des Gegenübers zu teilen." (Decenty & Jackson, 2004 zitiert aus: Bodden, 2012, S. 4f) Im Gegensatz zu HSPs, bei denen ein verhältnismäßig hoher ToM-Wert gemessen wird, sind bei Personen mit Autismus relativ niedrige Werte gegeben.

36 Engl.: Theory of mind (ToM)

37 Das Testinstrument (Bodden, 2012) wurde hier explorativ eingesetzt, d.h. dass bzgl. der Gütekriterien noch keine nähere Aussage getroffen werden kann

Sie besitzen nicht die Fähigkeit[38] mentale Zustände zu lesen und sie richtig, im Sinne der ToM, zu interpretieren (vgl. Baron-Cohen, 1995 zitiert aus: Förstl, 2012, S. 349). „Ein Mangel an ToM kann bei manchen Personen mit autistischer Veranlagung erhebliche Reserven für Spezialbegabungen freisetzen (*idiots savants*) […].“ (Förstl, 2012, S. 4)

2.2 Forschungsstand subjektive Führungstheorien

Im Gegensatz zu Hochsensibilität ist Führung ein intensiv beforschtes Konstrukt. Die subjektiven Führungstheorien finden allerdings vergleichsweise selten Beachtung in der Führungsforschung[39]. In diesem Kapitel wird, mit Bezug auf die Forschungsfragen, die objektive Führungstheorie umfassend vorgestellt und definiert, bevor darauf aufbauend mit der subjektiven Führungstheorie ebenso verfahren wird. Darauf folgen das Überblickskapitel, in dem thematisch das Überblickskapitel der Hochsensibilität gespiegelt wird, und die Schwerpunkte der subjektiven Führungstheorien.

2.2.1 Definition

Für die ersten Schritte auf dem Wissensgebiet der subjektiven Führungstheorien ist es unvermeidlich, einen definitorischen Ausflug zu den verschiedenen relevanten Begriffe und Erklärungen zu machen. Zu allererst wird sich dem Begriff der Führung zugewandt. Nach einer allgemein gefassten Definition ist Führung eine zielbezogene Einflussnahme (vgl. von Rosenstiel, Molt & Rüttinger, 1995, Neuberger, 2002 zitiert nach: von Rosenstiel, 2003, S. 4). Diese wird besonders auf Ziele angewandt, welche im Kontext eines Unternehmens zu finden sind, wie bspw. „[…] Erhöhung des Umsatzes […].“ (von Rosenstiel, et al., 2003, S. 4) Führung wird in diesem Kapitel allerdings etwas allgemeiner definiert, dabei werden die verschiedenen Arten (personell/ strukturell) und Theorien (objektiv/ subjektiv) der Führung, als Voraussetzung für eine Abgrenzung der Inhalte, vorgestellt.

---

38 sog. *mindblindness*

39 In dieser Arbeit findet eine Wertung verschiedener Führungsstile, -Eigenschaften oder -Verhaltensweisen nach ‚Erfolg, Effizienz und Effektivität‘ nicht statt.

Objektive Führungstheorie

Die Begriffsbestimmung des multidimensionalen Konstrukts Führung wird vorerst allgemein gehalten. Zur *objektiven* Führungstheorie schreibt Aretz (2007, S. 7):

> Betrachtet man verschiedene Übersichtsartikel zum Thema Führung auf der Suche nach einem einheitlichen Definitionsmerkmal (vgl. Allerbeck, 1977; Yukl & Van Fleet, 1992; Neuberger, 2002, 1994; Rosenstiel, 1992; Schettgen, 1991; Staehle, 1994; Weinert, 1998; Wiswede, 1990), so lässt sich als kleinster gemeinsamer Nenner, Führung allgemein als eine absichtliche, zielbezogene Einflussnahme bzw. (Verhaltens-) Beeinflussung beschreiben. Diese Definition ist allerdings sehr weit gefasst, da die Einflussnahme prinzipiell auf unterschiedlichen Wegen erfolgen kann und die Frage, *wie* eine Verhaltensbeeinflussung erreicht wird und *wer* beeinflusst wird, ungeklärt bleibt.

Bezogen auf das ‚Wie?' dieser Definition, wird in der Literatur auf zwei verschiedene Arten hingewiesen: indirekte Führung durch Strukturen (apersonal) und direkte Führung durch Menschen (personell) (vgl. von Rosenstiel, 2003, S. 4f; vgl. Aretz, 2007, S. 6f). Zu diesen genannten Strukturen zählen u.a. Organigramme, Corporate Identity, Statussymbole, Incentives und Karriereprogramme. Diese Strukturen wirken indirekt auf das Personal, welches sich innerhalb dieser Strukturen befindet und beeinflussen sie, um ein gewisses Ergebnis zu erreichen. Jenseits dieser ‚Regeln' befindet sich die personale Führung, welche auch als Fokus die Zielerreichung hat, allerdings diese über Kommunikation im Führungskraft-Mitarbeiterverhältnis bewirkt. Die Führungskraft (FK) bedient sich hier verschiedener Kommunikationsmittel, welche unterstützend im jeweiligen Führungsprozess eingesetzt werden können. Sie wirken u.a. unterstützend bei der Koordination von Aufgaben, Motivation der MA und Kontrolle von Prozessen bzw. Ergebnissen (vgl. von Rosenstiel, et al., 2003, S. 5). In diesem organisationalen Kontext ist dabei stets von einer „Beeinflussung von Einstellung und Verhalten [...]" (Waldmann, 1999, S. 11) zu sprechen. Im Voraus soll jedoch keine konkrete Definition festgelegt werden, da durch die Integration der jeweiligen Definition, bzw. das jeweilige Konzept, dem dynamischen Charakter der Exploration direktive Grenzen gesetzt würden. Für diese Arbeit wird die personale Führung näher betrachtet, ohne die Apersonale endgültig auszuklammern.

Um ein umfassendes Verständnis für die verschiedenen Theorien zu schaffen und diese voneinander unterscheiden zu können, wird im Folgenden in kurzer Übersicht auf Führungsmodelle der objektiven Führungstheorie eingegangen. Der personale Ansatz, welcher hier weiterer Betrachtung unterliegt, kann anhand von vier verschiedenen Typologien von Führungsmodellen näher kategorisiert werden (vgl. Jago, 1982, S. 316). Diese vier Typen lassen sich in die Achsen Eigenschafts- und Verhaltenstheorien, sowie universelle- und situative Führungstheorien einordnen (vgl. Steyrer, 1993, S. 105).

	Universelle Führungstheorie	**Situative Führungstheorie**
Eigenschaftstheorie	Universelle Eigenschaftstheorie	Situative Eigenschaftstheorie
Verhaltenstheorie	Universelle Verhaltenstheorie	Situative Verhaltenstheorie

Tabelle 1: Typologie von Führungsmodellen (Steyrer, 1993, S. 104)

a) Universelle Eigenschaftstheorie

„Welche Eigenschaften unterscheiden Führende von Nicht-Führenden?"
(Steyrer, 1995, S. 42)

Der Gedanke, dass eine Führungskraft bestimmte Merkmale hat, welche sie von ihren ‚Untergebenen' unterscheidet, manifestierte sich bereits vor über 2300 Jahren[40] und ist damit der älteste und erste bekannte Ansatz der Führungsforschung (vgl. Aristoteles, 1879 zitiert aus: Kunczik, 1972, S. 9ff). Vor etwa 500 Jahren hat Machiavelli[41] ausgiebig

40 Aristoteles (*384 v. Chr.; †322 v. Chr.)
41 (*1469; †1527)

Charakterisierungen und Beschreibungen von Eigenschaften eines Fürsten niedergeschrieben, nach welcher sich „[...] besonders die Fürsten Lob oder Schande zuziehen.“ (Machiavelli, 1833 zitiert aus: Kunczik, 1972, S. 17) Aus dem Vergleich der festgehaltenen Eigenschaften lässt sich ableiten, dass die Eigenschaften idealisierter ‚Führer‘ je nach historischer Epoche und Kontext einer steten Entwicklung unterliegen.

Die Forschungsphasen folgten hier einem Dreisprung, welcher auf die Entwicklung von Testverfahren ausgerichtet war und auf die Unterscheidung zwischen Führer und Geführtem aufbaute. In einer ersten Phase wurden die Eigenschaften analysiert, welche Führungskräfte kennzeichnen. Es wurden hier die verschiedensten Daten erhoben, u.a. physische Größen (z.B. Körpergröße, -gewicht, -bau; Erscheinungsbild), psychische Eigenschaften (z.B. Intelligenz, Persönlichkeitseigenschaften), Schulleistung und der sozio-ökonomische Status (vgl. Stogdill, 1948 zitiert aus; Kunczik, 1972, S. 86ff).[42] Nachdem entsprechende Testverfahren (vgl. Schuler, 2003) anhand der gewonnenen Daten entwickelt wurden, konnten damit im Rahmen von Assessment Center (AC) (vgl. Höft & Funke, 2006, S. 161f) Bewerber auf vakante Führungspositionen getestet werden (vgl. von Rosenstiel, 2003, S. 7f).

Allerdings wurde bzgl. des Zusammenhangs zwischen Führungseigenschaften und Führungserfolg Kritik geäußert. Stogdill (1948) fand beim Vergleich von 15 Studien heraus, dass es eine große Varianz in der Korrelation zwischen Intelligenz und Führungserfolg gibt.[43] Das lässt sich u.a. dadurch erklären, dass „[...] der Führungserfolg nicht nur von einem Persönlichkeitszug, sondern einer Vielzahl von Merkmalen abhängig sei, dass man auch die Interaktion zwischen den Persönlichkeitsmerkmalen bedenken müsse, dass sowohl die Persönlichkeitsmerkmale als auch der Führungserfolg in den verschiedenen Studien operationalisiert worden

---

42 „Die Durchschnittsperson, die eine Führungsposition innehält, übertrifft das durchschnittliche Mitglied einer Gruppe hinsichtlich der folgenden Merkmale: 1) Intelligenz, 2) Schulleistung, 3) Zuverlässigkeit bei der Ausführung verantwortungsvoller Aufgaben, 4) Aktivität und soziale Beteiligung und 5) sozio-ökonomischer Status.“ (Stogdill, 1948 zitiert aus: Kunczik, 1972, S. 115)

43 Höchste Korrelation: .90; niedrigste Korrelation: -.14

seien und [...] unterschiedliche Beziehungen [...] je nach Situation zu erwarten sei." (von Rosenstiel, 2006, S. 365f) Dennoch wurde ein signifikanter Zusammenhang zwischen Persönlichkeitsmerkmalen und Führung(serfolg) festgestellt.

b) Universelle Verhaltenstheorie

„Anhand welcher Kategorien läßt sich Führungsverhalten (Führungsstil) beschreiben?"
(Steyrer, 1995, S. 42)

Die Idee zu dieser Theorie entstand daraus, dass man davon ausging, dass manifestierte Persönlichkeitsmerkmale von Führungskräften zu einem gewissen Verhalten führen oder sich sogar ein Führungsstil (typisches Verhalten) abzeichnen kann. Dieses Verhalten wird als konstant und nicht situationsabhängig beschrieben (vgl. von Rosenstiel, 2006, S. 367). Eines der bekanntesten, neben den fast unzähligen verhaltenstheoretischen Modellen, ist das Führungsverhaltensgitter/ Managerial Grid (vgl. Blake & Mouton, 1964; 1968; 1987). Die Autoren ordnen verschiedene Führungstile in ein zweidimensionales Raster ein. Auf der horizontalen Achse[44] wird die ‚Betonung der Produktion' gewichtet und auf der vertikalen die ‚Betonung des Menschen'. Die Kombination dieser Dimensionen konstruieren 81 verschiedene Führungsstile, welche durch Blake & Mouton (vgl. 1968, S. 33f zitiert aus: Hentze & Brose, 1990, S. 124ff) beschrieben werden. Das Modell baute darauf auf, dass Verhalten und somit auch Führungsstile, entgegen der universellen Verhaltenstheorie auch erlernbar sind. Dementsprechend finden Seminare statt, in welchen diagnostiziert wird, welches Führungsverhalten den Teilnehmern entspricht. Daraufhin werden folgende Übungen so ausgerichtet, dass der erstrebenswerte Zustand 9,9 erreicht wird. Jedoch „[...] konsistente Ergebnisse liegen hier nicht vor. Dagegen ist die Korrelation zwischen der Mitarbeiterorientierung und der Zufriedenheit der Geführten in der Regel hoch." (von Rosenstiel, 2006, S. 369)

[44] Die Skala reicht auf beiden Achsen jeweils von 1 bis 9.

Ein weiteres Konzept erfreut sich in den letzten Jahren zunehmender Beliebtheit: Transformationale Führung (vgl. Burns, 1995 zitiert aus: Steyrer, 1995, S. 147ff). Sie baut auf der Transaktionalen Führung, welche auf einem marktorientierten Schema beruht, auf und ergänzt diese. „Lässt sich der Geführte für die Ziele des Führenden gewinnen so sorgt dieser dafür, dass der Geführte auch seine Ziele erreicht." (von Rosenstiel, 2006, S. 370) Aus diesem zielorientierten Belohnungsschema, welches auch ‚Management by Exception' mit einschließt, bricht die transformationale Führung aus. Sie tritt an die Stelle der extrinsischen Motivation (monetär etc.), um „[...] langfristige, übergeordnete Werte und Ideale (intrinsische Motivation) [...]" (Felfe, 2015, S. 40) zu vermitteln. Dabei versteht sich transformationale Führung als eine stete „[...] Verwandlung des Geführten durch den Führenden [...]." (von Rosenstiel, 2006, S. 371) Die Dimensionen von Transformationaler Führung, von welcher auch Empfehlungen für die Praxis abgeleitet werden, sind Charisma, inspirierende Motivierung, intellektuelle Stimulierung und individuelle Wertschätzung (vgl. ebd). Das bekannteste Instrument zur Messung dieses validierten Konstrukts ist das MLQ (Multifactor Leadership Questionnaire). Transaktionale und transformationale Führung korrelieren mit langfristigem Erfolg (vgl. Bass & Avolio, 1990 zitiert aus: von Rosenstiel, 2006, S. 371).

c) Situative Eigenschaftstheorie

„Welche Eigenschaften von Führenden sind in welchen Situationen adäquat?"
(Steyrer, 1995, S. 42)

Stabile Persönlichkeitseigenschaften sind in der universellen, wie auch in der situativen Eigenschaftstheorie Voraussetzung. Es wird hier allerdings nicht davon ausgegangen, dass die Persönlichkeitsmerkmale von Führungskräften in jeder Situation zum Erfolg führen, sondern dass diese in Abhängigkeit der jeweiligen Situation Betrachtung finden müssen. Laut dieser Theorie gibt es also keine idealen und allumfassenden Führungspraktiken (vgl. Staehle, 1994, S. 327f). Als Vorreiter dieser Theorie (Kontingenztheorie) ist Fiedler (vgl. 1966 zitiert aus: Kunczik, 1972, S. 179ff) zu nennen. „Im Kernpunkt geht es in der Kontingenztheorie[45] darum, einen optimalen Fit zwischen dem Führenden und seiner Situation zu sichern, um hohe Leistung der geführten Gruppe wahrscheinlich zu machen.“ (von Rosenstiel, 2006, S. 371) Der Führungsstil wird hier mit dem LPC- (Least Preferred Coworker) Instrument gemessen. Es „[...] mißt das Ausmaß, in dem der Führer den am wenigsten geschätzten Mitarbeiter noch relativ wohlwollend beschreibt.“ (Hentze, et al.1990, S. 193) In der stets dichotomen Darstellung dieses Modells wird zwischen zwei Führungsstilen unterschieden: Aufgabenorientierung und Personenorientierung. Eine Führungskraft ist laut des LPC aufgabenorientiert, wenn sie „[..] das Bedürfnis nach Aufgabenlösung und Zielerreichung befriedigt [...]“ (Staehle, 1994, S. 329) und personenorientiert, wenn sie „[...] das Bedürfnis nach guten menschlichen Beziehung zwischen Führer und Geführten befriedigt [...].“ (Ebd.) Vom ersten wird laut LPC ausgegangen, wenn die FK den LPC, trotz seiner Position, recht günstig beschreibt und von letzterem, wenn sie ungünstig beurteilt wird (vgl. Hentze & Brose, 1990, S. 193). Fiedler operationalisiert das Konstrukt ‚Führungssituation‘ durch die Dimensionen[46] Führer-Geführten-Beziehung (gut/ schlecht), Aufgabenstruktur (strukturiert/ unstrukturiert) und Positionsmacht (stark/ schwach). Aus diesem dreidimensionalen Gebilde lassen sich Situationen ableiten, die günstig, mittel oder ungünstig sind (vgl. Staehle, 1994, S. 331). Fiedlers Ergebnisse (vgl. Kunczik, 1972, S. 186ff) führen ihn zu der Empfehlung, „[...] für günstige oder ungünstige Situationen einen aufgabenorientierten, für mittlere Situationen einen mitarbeiterorientierten Vorgesetzten [...]“ (von Rosenstiel, 2006, S. 372f) einzusetzen. Weil die Eigenschaften und somit der Führungsstil einer FK als stabil angesehen werden, könnte man zur Zielerreichung entweder gezielt FK ansprechen, die einem benötigten Stil entsprechen oder im Rahmen des Situationsmanagements Situationen so manipulieren, dass sie ideal zum Führungsstil einer FK passen (ebd., S. 373).

---

[45] Fiedler setzt die Kontingenztheorie aus den drei Komponenten Führungsstil, Günstigkeit der Führungssituation und der Effektivität zusammen (vgl. Kunczik, 1972, S. 179ff).

[46] Mehr dazu u.a. bei Kunczik (1972, S. 182ff) und Hentze & Brose (1990, S. 194ff)

Unabhängig von den ausgiebigen Kritiken an der Kontingenztheorie von Fiedler, welche u.a. die sehr kleinen Stichproben, die geringe theoretische Fundierung und die geringe Kontextualität umfassend ansprechen, ist es sein Verdienst, dass die Option einer situativen Eigenschaftstheorie im Rahmen der Diskussionen in der Führungsforschung näher betrachtet wurde (vgl. Hentze, et al., 1990, S. 204f; vgl. Meleghy, 1980, S. 90ff).

d) Situative Verhaltenstheorie

„Unter welchen situativen Voraussetzungen ist welches Führungsverhalten angebracht [...]?" (Steyrer, 1995, S. 42)

Neben der Beachtung der Eigenschaften in Abhängigkeit vom situativen Kontext, haben sich auch verschiedene Modelle etabliert, die das Verhalten von FK in den Kontext verschiedener Situationen setzen. Hier soll das normative Entscheidungsmodell von Vroom & Yetton (1973 zitiert aus: Steyrer, 1993, S. 188ff) vorgestellt werden, welches sich mit anderen Modellen, vor allem im Praxiseinsatz, durchgesetzt hat (vgl. von Rosenstiel, 2006, S. 373). Dieses anwendungsorientierte Modell schreibt vor, für welchen Führungsstil sich FK in welcher Situation entscheiden sollten, um erfolgreich zu sein (vgl. Staehle, 1994, S. 807). Es beruht darauf, dass es nicht das optimale und allumfassende Verhalten gibt, sondern eine Verhaltensvariabilität in verschiedenen Situationen den Erfolg bringt (vgl. von Rosenstiel, 2006, S. 373). Das Modell unterscheidet hier zwischen fünf verschiedenen situativen Verhaltensweisen von FK: „[...] autoritär [...], beratend [...], gruppenzentriert [...] oder delegativ [...]. Dabei wird unterschieden, ob es sich um ein „individuelles" Problem handelt (das vom Führer und einem Mitglied gelöst werden muss) oder ob es um ein „Gruppenproblem" geht (bei dem der Vorgesetzte einer Mehrzahl von Mitarbeitern gegenübersteht)." (Hentze, et al., 1990, S. 209) Es steht in diesem Modell also die evtl. Partizipation der MA an Führungsentscheidungen im Mittelpunkt. Anhand eines Entscheidungsbaums werden situationsdiagnostische Fragen (A – H) gestellt, welche die FK jeweils mit ja oder nein zu beantworten hat (vgl. Vroom, 1981, S. 186 zitiert aus: Hentze, et al., 1990, S. 210f). Durch die Beantwortung der Fragen gelangt die FK an die ‚Astspitzen', an denen jeweils Entscheidungs- bzw. Verhaltensratschläge zu finden sind (vgl. von Rosenstiel, 2003, S. 19f). Das Modell führt laut der Autoren zu ‚besseren Führungsergebnissen', was anhand der Kriterien „[...] Qualität der Entscheidung, Akzeptanz der Entscheidung, Ökonomie des Entscheidungsverhaltens [...]" (Ebd.) festgemacht werden kann.

In mehreren Validierungsstudien konnte herausgefunden werden, „[...] dass erfolgreiche Führungsentscheidungen häufiger auf modellkonforme Weise getroffen wurden als nicht [E]rfolgreiche [...]." (Jago, 1995; Scholz, 2002 zitiert aus: von Rosenstiel, 2006, S. 373) Für die Praxis und die damit verbundene Entwicklung einer situativer Führungsverhaltenskompetenz wurden Trainings generiert, welche auf die oben genannte Validierung[47] aufbauen (vgl. Vroom & Yetton, 1973, S. 81ff zitiert aus: Hentze, et al., 1990, S. 214).

Neben den konzeptionellen Kritiken an dieser situativen Verhaltenstheorie, welche u.a. ansprechen, dass „[...] nur direkt führungsbezogene Situationsmerkmale [...]" (Sydow, 1981 zitiert aus: Staehle, 1994, S. 813) betrachtet werden und verschiedene Hierarchien und individuelle Organisationsmerkmale außen vorgelassen werden. Zusätzlich wurden implizite Theorien in die Überlegungen nicht mit einbezogen. Weitere Studien (vgl. Piel, 1986 zitiert aus: ebd.) führten u.a. zu dem Ergebnis, dass sich FK kooperativer einschätzen „[...] als es der Wirklichkeit entspricht." (Ebd.)

Subjektive Führungstheorie

Nachdem oben ausgiebig Theorien aus dem Ressort der objektiven Führungstheorien beschrieben und diskutiert wurden, nähert sich dieses Kapitel den subjektiven Führungstheorien. Doch bevor eine Abgrenzung dieser Führungsforschungs-‚Paradigmen' vollzogen wird, findet eine Begriffsbestimmung der jeweiligen Theoriebegriffe statt:

---

[47] Mehr zu den Hypothesen u.a. bei Staehle (1994, S. 812)

Subjektive Theorien sind zunächst Theorien, welche im Alltag durch jeden Menschen aufgestellt werden können. Sie erklären u.a. die Umwelt, Geschehnisse und verschiedene Phänomene aus der Sicht des jeweiligen Laien, der sich zur Erklärung dieser Begriffe implizit seiner Erfahrungen bedient. Objektive Theorien, in diesem Kontext auch wissenschaftliche Theorien genannt, werden im Gegensatz dazu durch den ‚Forscherblick' betrachtet und anhand der wissenschaftlichen Gütekriterien[48] (vgl. Schnell, et al., 2005, S. 149ff) beurteilt. Wie auch schon anzunehmen, ist es hier besonders die Objektivität, welche das Hauptunterscheidungsmerkmal abbildet, indem Sachlichkeit, im Sinne von Intersubjektivität, fokussiert wird (vgl. Aretz, 2007, S. 29). Die beiden genannten Konstrukte finden allerdings im Theoriebegriff anhand dreier Parallelformen ihre Gemeinsamkeiten: Mit ihrer *Strukturparallelität*, d.h. die Existenz von Begrifflichkeiten, welche zur Erklärung von Phänomenen und der damit verbundenen Argumentation verwendet werden, weisen sie die erste Gemeinsamkeit auf. Beide Theorien haben auch eine *Funktionsparallelität*, d.h. sie können durch ihre gegebenen Möglichkeiten Erklärungsansätze für Phänomene, wenn auch intuitiv, bieten und somit auch *inhaltlich* die gleiche Frage betrachten (vgl. Aretz, 2007, S.30).

Subjektive Theorien, welche in ihrer Existenz hauptsächlich als implizit anzusehen sind, können durch eine wissenschaftliche Betrachtung, bspw. durch Beobachtung, Befragung und der damit verbundenen Dokumentation, expliziert werden.[49] Diese Theorien zeichnen sich durch eine Komplexität aus, welche bei näherer Erläuterung alltagssprachlich hergeleitet werden kann, ohne dabei den Anspruch auf Vollständigkeit oder Schlüssigkeit zu erheben. Dabei können diese affektiven Bewertungen, trotz der möglicherweise falschen oder unspezifischen Annahmen, als stabil angenommen werden (vgl. Furnham, 1988 zitiert aus: Aretz, 2007, S. 31). Die objektive Führungs-

[48] Objektivität, Validität, Reliabilität.

[49] Mehr dazu: Bornemann & Reinhardt (2008)

theorie schränkt durch ihre nüchterne Betrachtungsweise weniger ein, als Versuche[50] einschlägiger Literatur *subjektive Theorien* zu definieren:

> Kognitionen der Selbst- und Weltsicht, die im Dialog-Konsens aktualisierbar- und rekonstruierbar sind, als komplexes Aggregat mit (zumindest impliziter) Argumentationsstruktur, das auch die objektiven (wissenschaftlichen) Theorien parallelen Funktionen der Erklärung, Prognose, Technologie erfüllt, deren Akzeptierbarkeit als ‚objektive' Erkenntnis zu überprüfen ist. (Aretz, 2007, S. 34)

Diese weitere Definition (Begriffsfassung) baut auf dem Begriff der *Kognition* auf. Hsps ist jedoch ein Phänomen, das sich mit und ohne kognitives Bewusstsein über die evtl. persönliche Betroffenheit von hsps auswirkt. Die *subjektiven Führungstheorien* lassen sich somit erklären „[...] als komplexe Kognitionen mit (zumindest) impliziter Argumentationsstruktur, die sich auf den Gegenstandsbereich der Führung beziehen; dabei kann jeder Mensch (z.B. Führungskraft, Mitarbeiter oder Student) subjektiv-theoretische Überzeugungen über das Phänomen Führung haben." (Ebd., S. 73) Für diese Arbeit wird die Definition der objektiven Führungstheorie als Grundgerüst verwendet und das fehlende „Wie?" dieser Definition durch die subjektive Führungstheorie ergänzt.

Subjektive Theorien sind im Bereich der Führungsforschung noch teilweise unbeachtet, was sich in der Quellenlage widerspiegelt (vgl. S. 28). Dabei ist der Charme der Theorie individuelle Wirklichkeiten direkter abzubilden, als es durch Theorien mit Objektivitätsanspruch möglich ist. „Das Ziel der Erforschung subjektiver Theorien ist es, dieses Wissenssystem aufzudecken und zu analysieren." (Schilling, 2001, S. 27) Nicht nur deswegen ergänzen sich diese perspektivischen Paradigmen, sondern auch aus praxisrelevanten Gründen, wie sie aus dieser Arbeit hervorgehen, da sie aufeinander aufbauen bzw. sich bedingen.

---

[50] Definitionen der ‚Subjektiven Theorien' sind in der Wissenschaft noch nicht konsensfähig (vgl. Aretz, 2007, S. 32)

In der Literatur zu Führungs- und Organisationsforschung werden weitere Theorien erwähnt, welche der subjektiven Führungstheorie ähneln. Es sind hier insbesondere die *impliziten Führungstheorien* zu nennen:

> Sie enthalten prototypische Charakteristika einer Führungskraft (Phillips & Lord, 1981) und spezifizieren Eigenschaften und Verhaltensweisen, die Beobachter von Führungskräften erwarten (Schwennen, 2005). Gebildet werden diese impliziten Führungstheorien durch reelle Erfahrungen mit Führungskräften sowie durch Rezeption von Beschreibungen von Führungskräften (Offermann, Kennedy & Wirtz, 1994; Schwennen & Musahl, 2003). (Aretz, 2007, S. 79)

Unterschieden werden können die verschiedenen impliziten Führungstheorien anhand ihrer Perspektive (von MA auf FK oder FK auf MA) und dem darin liegenden Fokus (Eigenschaften oder Ereignisse) (vgl. ebd). Umgangssprachlich und genauso konkret wie die impliziten Führungstheorien könnte man behaupten, dass sie veranschaulichen, wer was über wen oder was denkt und welche Schlüsse daraus gezogen werden. Intendiert in den bisherigen Beschreibungen ist auch der Begriff des *Menschenbilds.* Dieser beeinflusst nicht nur „[...] das Verhalten von Führungskräften gegenüber ihren Vorgesetzten und Kollegen [...]" (ebd., S. 80), sondern trägt auch zur Prägung der Unternehmenskultur bei. Die geringe Trennschärfe der Begrifflichkeiten der subjektiven Führungstheorie und der impliziten Führungstheorien sowie die weit gefasste Definition von subjektiven Theorien lassen die Theorien sich nicht vollkommen voneinander abgrenzen. Es sollte hier nicht versäumt werden darauf hinzuweisen, dass Lang et al. (2014, S. 58) noch nicht einmal zwischen subjektiven Führungstheorien und impliziten Führungstheorien unterscheiden. Daher wird die Möglichkeit eröffnet, implizite Führungstheorien als definitorische Ergänzung zur subjektiven Führungstheorie, innerhalb der subjektiven Theorien, anzusehen.

Es wurde in diesem Definitionskapitel auf die objektiven Führungstheorien eingegangen. Das Forschungsfeld der subjektiven Führungstheorien ist in ihrer wissenschaftlichen Betrachtung noch relativ jung, im laientheoretischen Gebrauch jedoch schon wesentlich älter (vgl. Schyns, Kiefer & Staudigl, 2015, S. 162f). Da die Definition der impliziten Führungstheorien auch die ‚Rezeption von Beschreibungen' (siehe oben) mit einbezieht, darf davon ausgegangen werden, dass Ergebnisse der objektiven Führungstheorien die impliziten Führungstheorien bedingen bzw. beeinflussen können, insbesondere bei „[...] Differenzierungen des Gegenstandsbereiches [...]." (Aretz, 2007, S. 74)

2.2.2 Überblick

Dieses Kapitel dient dem Überblick über aktuelle wissenschaftliche Ergebnisse zu vier verschiedenen Themengebieten, die einen Einfluss auf Führung und Erklärungsansätze für Führungsverhalten haben. Mit diesem Unterkapitel wird das Überblickskapitel der HSP-Forschung bzgl. der Themen teilweise gespiegelt, um aus beiden Perspektiven auf den gemeinsamen Forschungsgegenstand zu sehen.

Kulturelle Erläuterungen

Im Rahmen der schon längst fortgeschrittenen Globalisierung werden die Wege immer kürzer und Unternehmen international tätig. Die Entsendung von Expatriate-Führungskräften dieser international arbeitenden Unternehmen in andere Länder und somit auch zu anderen Völkern und Kulturen führt, trotz ausgiebiger Vorbereitung, nicht selten zum Scheitern dieser Führungskräfte. Bei etwa 40 % solcher Auslandsentsendungen, die scheitern, wird bisher davon ausgegangen, dass die Ursache bei den Führungskräften zu finden ist (vgl. Morris & Robie, 2001; Siljanen & Lämsä, 2009; Templer, 2010 zitiert aus: Özbek-Potthoff, 2013, S. 158). Eine immer wiederkehrende Frage, welche zu diesem Kontext in einschlägiger Literatur zu finden ist, lautet: „Does culture influence leadership, and, if so, why and how?" (Dorfmann, et al., 2004, S. 711)

Führung im internationalen Kontext wurde in mehreren, auch multinational angelegten Studien ausführlich beforscht (vgl. Bass, 1981, S. 522ff). Im Folgenden werden die Ergebnisse der GLOBE-Studie

(Global Leadership and Organizational Behavior Effectiveness) näher erläutert. Die Studie wurde von 170 Wissenschaftlern aus 62 Kulturen durchgeführt, welche Datensätze von 17.300 Managern[51] aus 951 Organisationen auswerteten.[52] Sie teilten die 62 beforschten Kulturen in zehn zentrale Regionen auf, auf welche sie die späteren Ergebnisse bezogen (vgl. Triandis, 2004). Die Autoren bedienten sich neben National- und Organisationskulturkonzepten Ansätzen zur Kontingenztheorie, insbesondere auch impliziten Führungstheorien (vgl. Lang, et al., 2014, S. 431). „Es bildeten sich sechs übergeordnete Dimensionen heraus: (1) charismatisch wertorientierte (transformationale); (2) teamorientierte, (3) humanorientierte, (4) partizipative, (5) autonome und (6) defensiv-hierarchische Führung. Die Ergebnisse zeigten, dass charismatische und teamorientierte Führung universell als Beitrag zu effektiver Führung betrachtet werden können, während die vier verbleibenden Dimensionen mehr oder weniger kulturell abhängig waren." (Brodbeck & Eisenbeiss, 2015, S. 458) Dieses Ergebnis überraschte auch die Autoren der GLOBE-Studie, da es auf alle zehn Regionen übertragbar ist. Es konnte jedoch in einer weiteren Studie (vgl. Rudermann, Brodbeck, Eckert, Gentry & Braddy, 2011 zitiert aus: Brodbeck, et al., 2015, S. 460) repliziert werden, wobei sich wieder die Dimensionen (siehe oben) eins und zwei als universale Führungsprototypen[53] herausstellten. Die weite Verbreitung dieser Prototypen kann durch die Präsenz dieser FK, die darüber geführten medialen sowie öffentlich geführten Diskurse und die Erwartungen der MA reproduziert und modifiziert werden, wodurch sie einen Bekanntheitsgrad in 62 Kulturen erreichen konnte (vgl. Lang, et al., 2014, S. 431)

---

51 Mittleres Management

52 Die Datensätze stammten ebenfalls aus 62 Kulturen.

53 „Charismatic/Value-Based. A broadly defined leadership dimension that reflects the ability to inspire, to motivate, and to expect high performance outcomes from others on the basis of firmly held core values [...]
Team Oriented. A leadership dimension that emphasizes effective team building and implementation of a common purpose or goal among team members." (Dorfmann, et al., 2004, S. 675)

Im Rahmen der Studien zu impliziten Führungstheorien „[...] wird angenommen, dass Vorstellungen und Erwartungen von Führungspersonen und Führungsprozessen existieren, die Wahrnehmungen und Zuschreibungen des Führungshandelns uns seiner Ergebnisse beeinflussen." (Lang, et al., 2014, S. 104f) Neocharismatische Führung[54] wird in diesem Kontext als gute Führung betrachtet, da sie sich besonders durch die emotionale Übertragung[55] auf die Mitarbeiter von anderen Führungseigenschaften und Verhaltensweisen unterscheidet (vgl. ebd). Weitere Studien (vgl. Shin & Zhou, 2003 zitiert aus: ebd., S. 109) stützen „[...] die Vermutung, dass charismatisch-transformationale Führung vor allem in unternehmerischen und turbulenten Umwelten, d.h. Situationen der Organisationstransformation, besonders erfolgreich ist [...]." (Ebd., S. 109) Es wird damit begründet, dass in etablierten und gefestigten Organisationen der genannte Führungsstil geringeren Einfluss auf Erfolg hat.

Bevor eine Expatriate-Führungskraft in ein anderes Land entsendet[56] wird, sollte sich auch über die „[...] Wahrnehmungen und Erwartungen der lokalen Mitarbeiter von ihrer Expatriate-Führungskraft [...]" (Özbek-Potthoff, 2013, S. 159) informiert werden, da dies für den weiteren Auslandsaufenthalt von höchster Relevanz werden könnte: Untererfüllt eine FK die Erwartungen, hat das einen negativen Einfluss. Die MA identifizieren sich nicht mit der FK, was dazu führt, dass ihr nicht vertraut wird und sie es schwer haben wird, akzeptiert zu werden. Zudem kann dies zu Personalfluktuationen führen (vgl. Connaughton & Daly, 2004; O'Reilly & Chatman, 1984; Turban & Jones, 1988 zitiert aus: Özbek-Potthoff, 2013, S. 159). Übererfüllt eine FK die Erwartungen der MA, sind sie „[...] eher bereit, sich stärker [...] zu identifizieren." (Özbek-Potthoff, 2013, S. 159) Interessant ist die Erkenntnis, dass bei Übereinstimmung der FK mit den Erwartungen bzw. Wahrnehmungen der lokalen Mitarbeiter keine Identifikation der MA mit der FK stattfindet. „Die lokalen Mitarbeiter sind in diesem Fall indifferent, weil

54 Mehr zur Entwicklung von Charisma in Paschen & Dihsmaier (2014, S. 50ff)

55 Mehr zum Auslösen von Emotionen in Schmidt-Atzert (1996, S. 31ff)

56 Mehr zu internationalen Personaleinsätzen in Domsch & Lichtenberger (2003)

die Führungskraft genau so handelt, wie eine Führungskraft sein sollte. Dieses Verhalten ist in den Augen der Mitarbeiter nicht Besonderes und erzielt keine Reaktion durch die Mitarbeiter." (Ebd.) Das nächste Kapitel knüpft an diesem Ergebnis weiter an.

Persönlichkeit und Führung

Die Annalen unserer Zeit haben in den Aufzeichnungen und Geschichten über unsere Vorbilder, Führungskräfte, Staatsmänner/Frauen etc. gezeigt, dass Charisma, bzw. eine charismatische Führung, oft Erwähnung fand. Zu diesen ‚Prototypen' zählen u.a. Mahatma Gandhi, Martin Luther King jun. und John F. Kennedy (vgl. Northouse, 2009, S. 22). „Diese (über-)natürliche Anziehungskraft führt bei anderen Menschen dazu, dass sie den Führer idealisieren und ihm überragende Eigenschaften zuschreiben [...] Daher folgen ihm seine Anhänger und ahmen ihn nach [...]." (Nerdinger, et al., 2011, S. 84)

Die Autoren Conger & Kanungo (1987, zitiert aus: Lang, et al., 2014. S. 96f) zeigen auf, wie nah Charisma an Stigma liegen kann. Sie gehen von einer prototypischen ‚normalen' Führungskraft in der Mitte der Skala aus, von der aus Charisma und – als Verschärfung der Verhaltens – Stigma jeweils in Richtung Anti-Repräsentativität oder Hyper-Repräsentativität ausgeprägt sein können. Als ein *Normalzustand* ist bspw. erwähnt, dass ein sogenannter Prototyp ‚verbal geschickt' agieren kann. Bei der charismatischen *Hyper-Repräsentativität* wäre die FK ‚expressiv' und in der stigmatischen Dimension ‚demagogisch'. Auf der anderen Seite der Skala im Bereich der charismatischen *Anti-Repräsentativität* steht ‚Tiefgründigkeit'. Das stigmatische Pendant wäre ‚ausdruckslos'. Dieses Modell dient der Bezugnahme auf die Ergebnisse und unternehmenspraktischen Implikationen der Studie von Özbek-Potthoff (2013, S. 159) und der Veranschaulichung der Trennschärfe von Charisma und Stigma.

In der Führungsforschung hat klassischerweise auch der Eigenschaftsansatz einen großen Raum, dem durch die Persönlichkeit der FK ein Einfluss auf den Führungserfolg zugesprochen wird. Es werden hier Ergebnisse aus Studien vorgestellt, die das Fünf-Faktoren-Modell (Big 5) (vgl.

Costa & McCrae, 1992 zitiert aus: Stiehl & Bergner, 2015, S. 369) im Zusammenhang mit Führung untersuchten. Judge et al. (2002, zitiert aus: Nerdinger, et al., 2011, S. 86) fanden bei der Auswertung der Datensätze von 73 Einzelstudien bei ihrer Metaanalyse heraus, dass Extraversion (.31) und Gewissenhaftigkeit (.28) relativ deutlich, Offenheit für Erfahrung geringfügig weniger (.24) und Verträglichkeit (.08) nicht nennenswert mit Führungserfolg korreliert. Neurotizismus wirkt sich negativ (-.24) auf Führungserfolg aus, „[...] d.h. Ängstlichkeit ist hinderlich für den Führungserfolg." (Nerdinger, et al., 2011, S. 85f) Die Big 5 können „[...] 23% der Varianz des Führungserfolgs [...]" (Stiehl, et al., 2015, S. 370) erklären. In einer weiteren Studie wurden Probanden im Abstand von 12 Jahren (17 und 29 jährig) jeweils einmal zu ihrer Persönlichkeit und das zweite Mal auch zu ihrer Führungsverantwortung befragt. Diese zwei Konstrukte setzten die die Autoren in Bezug (vgl. Reichard, Riggio, Guerin, Oliver, Gottfried & Gottfried, 2011 zitiert aus: ebd., S. 371). Es konnte festgestellt werden, dass Extraversion ein „[...] Prädiktor zur Vorhersage der künftigen Führungsverantwortung [...]" (ebd.) ist.

In einem weiteren Ansatz werden neben den Persönlichkeitseigenschaften der FK auch die der MA betrachtet. Das Modell Person-Supervisor-Fit (PS-Fit) postuliert, dass die Zusammenarbeit zwischen MA und FK umso erfolgreicher ist, je mehr ihre Persönlichkeitseigenschaften übereinstimmen (supplementärer Fit) oder sich ergänzen (komplementärer Fit) (vgl. Schuh, 2015, S. 168). „[...] Mitarbeiter, die sich selbst als extravertiert, verträglich und emotional stabil beschrieben, nahmen ihre Führungskraft eher als transformational wahr, weil sie der Führungskraft ebenfalls diese Persönlichkeitseigenschaften zuschreiben." (Felfe & Schyns, 2006 zitiert aus: Schuh, 2015, S. 170) In diesem Zusammenhang wird den FK auch durch die MA eine höhere Zufriedenheit mit der Leistung der FK zugesprochen. Besonders ist bei diesem Befund, dass Ähnlichkeiten, die subjektiv wahrgenommen wurden, einen höheren Effekt haben als objektiv Erforschte (vgl. Stiehl & Bergner, 2015, S. 371f).

Neuropsychologische Erläuterungen

Spätestens nachdem Descartes'[57] Philosophie mit der römisch-katholischen Kirche abgestimmt und bewilligt wurde, konnte sie sich manifestieren. Er lehrte eine Trennung von Körper und Geist. Demnach existieren zum einen die physische (weltliche) Materie, welche durch die Wissenschaften erschlossen werden können und die des menschlichen Geistes. Sie ist wissenschaftlich nicht erschließbar und ihr wird zugesprochen, menschliches Verhalten zu beeinflussen. Allerdings unterliegt der menschliche Geist der Souveränität und somit dem Wirkungskreis der römisch-katholischen Kirche. Dieser kartesische Dualismus hat teilweise bis heute Bestand (vgl. Pinel, et al., 2012, S. 24f). Seitens der alternativen Heilmethoden wird der klassischen Schulmedizin vorgeworfen, an dieser Trennung zwischen Körper und Geist, bzw. Physis und Psyche, festzuhalten (vgl. Hauschild & Wüstenhagen, 2013). Unabhängig von diesem Vorwurf hat sich herausgestellt, dass die postulierte Dichotomie keine haltbare Theorie darstellt – kurz: sie ist falsch. Vielmehr ist es so erklärbar, dass sich diese beiden Komponenten gegenseitig ‚durchdringen' und gegenseitig bedingen. Beweise dafür wurden zuerst experimentell oder durch Auftreten bisher nicht erklärbarer Phänomene hergeleitet (vgl. Pinel, et al., 2012, S. 26ff). In den letzten Jahren ist es die Biopsychologie, insbesondere die Neurowissenschaft, welche durch bildgebende Verfahren[58] neuronale Prozesse sichtbar sowie zeitlich und räumlich zuordenbar (empirisch messbar) macht (vgl. ebd., S. 13). Als eine Grundlage der Neurowissenschaften gilt: „Jeder Mensch denkt anders, weil sich die Gehirne voneinander unterscheiden." (Reinhardt, 2014, S. 276) Auch die Ausprägungen der Gehirne eineiiger Zwillinge weisen signifikante Unterschiede auf, da selbst minimal verschiedene Umgebungsbedingungen im Mutterleib, unabhängig von anderen postnatalen Umwelteinflüssen, zu einer anderen Gehirnentwicklung führen können (vgl. Sassenrath, 2014, S. 46f).

57 *1596; †1650

58 Mehr zu bildgebenden Verfahren in Pritzel, et al. (2009, S. 117ff)

Die Orts-Funktions-Zuordnungen[59] des Gehirns bleiben dabei nahezu unbeeinflusst.

Der neurowissenschaftliche Ansatz, in dem Führung beforscht wird, nennt sich *Neuroleadership*[60]. Diese Disziplin ermöglicht „[...] die Beantwortung der folgenden Frage: Was können Führungskräfte aus den Erkenntnissen der Neurowissenschaften lernen, um ihren Job noch besser als bislang zu machen?“ (Reinhardt, 2014, S. 3) In diesem Zusammenhang wurden ein Reihe von Studien durchgeführt, aus welchen einige relevante Ausschnitte hier vorgestellt werden. In einer Studie wurde die soziale Einflussnahme (vermeintlich) religiös-charismatischer Führer auf Probanden überprüft. Nachdem die Probanden u.a. nach ihrer Bethäufigkeit (Einteilung in eine religiöse und weniger religiöse Gruppe) unterteilt wurden, spielten ihnen die Versuchsleiter Texte von Sprechern (keine religiösen Führer) vor. Den Probanden wurde gesagt, dass es sich bei den Sprechern um religiöse Führer unterschiedlicher charismatischer Abstufung (hoch, mittel, wenig) handele. Die Autoren Schjoedt, Stodkilde-Jorgensen & Geertz (2011) fanden bei der Auswertung der Daten heraus, dass es in der Gruppe der religiösen Probanden während des Sprechens vermeintlich hochcharismatischer Führer zu einer massiven Deaktivierung einiger Hirnareale kam (vgl. Bergner & Rybnicek, 2015, S. 556f). Es sind hier besonders Areale „[...] die an Aufmerksamkeitsprozessen (z.B. superior parietal lobus), bei Leistungen des Arbeitsgedächtnisses (z.B. zentrale Exekutive; dorsolateraler präfrontaler Cortex) sowie bei der Verarbeitung sozialer Interaktion (z.B. temporoparietaler Übergang) beteiligt sind.“ (Ebd., S. 557) Aus den Ergebnissen schließen die Autoren, dass charismatisch eingeschätzte Führungskräfte bei ihren Untergebenen eine Deaktivierung der genannten Gehirnstrukturen bewirken können, „[...] wenn Geführte den Führungskräften [sehr viel] Vertrauen bzw. Glauben schenken.“ (Ebd.)

---

59 Die Hirnkarte von Kleist (1934) in: Pritzel, et al. (2009, S. 8)

60 Wesentliche neurowissenschaftliche Ergebnisse zu Leadership in tabellarischer Form in Bergner & Rybnicek (2015, S. 547ff)

Menschen reagieren generell auf negative Reize und Ereignisse stärker und länger, als auf Positive. „Dies lässt sich wie folgt erklären: Das Gehirn verfügt mit der Amygdala über einen direkten Zugang zum Hirnstamm, der die „Kampf- oder Flucht-Reaktion“ auslöst. Dieses „Alarmstufe Rot“-System verfügt nicht über eine Art „Alarmstufe Grün“-System.“ (Reinhardt, 2014, S. 229) Führungkräfte sollten daher wissen, dass sie durch einen schädigenden Umgang, bzw. tyrannisches Verhalten, im Rahmen destruktiver Führung der Mitarbeiter (vgl. Schilling & May, 2015) Furcht auslösen und diese kontextuell konditionieren können. Dies bedeutet, dass der evtl. betroffene MA nicht nur Furcht vor der jeweiligen FK und den bedrohlichen Ereignissen hat, sondern auch gegenüber des Kontextes, wie bspw. dem Raum oder dem Gebäude (vgl. Pinel, et al., 2012, S. 528f). Eine solche destruktive Führung kann nicht nur zu erheblichen psychischen und wirtschaftlichen Konsequenzen führen (vgl. Schilling, et al., 2015, S. 326f), sondern auch zu negativem Einfluss auf die (Neuro-) Organisationskultur (vgl. Reisyan, 2013). Es sollte daher seitens der FK aktiv darauf geachtet werden, nicht zu selten auch überraschend soziale Stimuli wie Lob (vgl. Sassenrath, 2014, S. 258ff), Anerkennung und Wertschätzung gegenüber der MA auszusprechen, um das Belohnungszentrum anzusprechen (vgl. LeDoux, 1996 zitiert aus: Reinhardt, 2014, S. 229). Die Theory of Mind (ToM), welche in einem der vorherigen Kapitel (2.1.3.) vorgestellt wurde, ist die Fähigkeit „[...] Wünsche, Absichten, Emotionen, Bewusstseinszustände oder Gedanken von Mitmenschen wahrzunehmen und von den eigenen zu trennen.“ (Bergner, et al., 2015, S. 558f) Sie bildet eine hoch entwickelte soziale Befähigung ab, welche für führungsrelevante Kontexte von zunehmender Bedeutung wird. Neuroanatomisch zentral beteiligt, „[...] sind die Gehirnareale des medialen Präfrontalkortex (mPFC) sowie der temporoparietalen Übergangsregion (TPJ).“ (Förstl, 2012, S. 91)

Die Rolle des Geschlechts

Das folgende Kapitel widmet sich den Unterschieden[61] in der Führung durch Mann und Frau sowie der Wahrnehmung der Führung durch die

[61] Mehr zu sexuellem Dimorphismus in Pritzel, et al. (2009, S. 376ff)

Geführten. Selbst wenn man es bewusst vermeiden möchte, so kommt man auch in der wissenschaftlichen Literatur nicht um Stereotypenbildungen herum. In dieser Arbeit, welche auch die impliziten Führungstheorien betrachtet, bilden Stereotypen einen erheblichen Beitrag zur Aufklärung subjektiver Theorien. Es wird in diesem Kapitel allerdings nicht auf die aktuellen Gleichstellungsdebatten und –Kampagnen (vgl. Bundesministerium für Arbeit und Soziales, 2012/2013; Hansen, 2011) sowie die Karrieren[62] verschiedener Frauen in der Politik eingegangen (vgl. Schaeffer-Hegel, 1995). Es existieren verschiedene Erklärungsansätze, wovon nur Psychologische und Implizite vorgestellt werden, da jeder dieser Ansätze alleine eine umfassende Arbeit wert ist.

Helgesen (1991, S. 29) sagt, dass Frauen anders führen. Das ‚Anders' orientiert sich an den Terminkalender-Studien Mintzbergers (1973), der Tagesabläufe männlicher Manager analysierte und Rückschlüsse auf ihr Verhaltensspektrum schloss. Für Helgesen (1991, S. 40) vermittelte sich „[...] das Bild von Frauen, die weder ihre Arbeit noch die Menschen, mit denen sie zu tun haben, instrumentalisieren; sie sehen diese nicht als Mittel zum Zweck, sondern messen ihnen einen eigenständigen Wert zu." Ihre Ergebnisse sowie der Forschungsprozess sind allerdings sehr umstritten, da sie Grundsätze der empirischen Forschung nicht beachtete und die Anzahl von vier befragten weiblichen Führungskräften zu gering ist (vgl. Goos & Hansen, 1999, S. 38f). Dennoch stießen ihre Ergebnisse „[...] bei beruflich engagierten Frauen auf großes Interesse [...]." (Ebd., S. 40) Bei einer weiteren Studie, welche die Ähnlichkeiten und Verschiedenartigkeiten von männlichen und weiblichen Führungskräften untersuchte, konnten Unterschiede in einigen Fähigkeiten festgestellt werden. Bei weiblichen Führungskräften sind „[...] Fähigkeiten zur Kommunikation und Kooperation, auch auch zu Umstellung und Motivierung [...]" (Goos, et al., 1999, S. 248)

[62] U.a. Dobner (1997) entwickelt aus einer defizitären Perspektive heraus einen Argumentationsansatz sich für ‚Führung durch Frauen' einzusetzen. Dieser Ansatz wird hier nicht weiter verfolgt. Vielmehr wird in dieser Arbeit Führung von Frauen der Führung von Männern nicht untergeordnet.

signifikant höher ausgeprägt. Diese Fähigkeiten beschreiben besonders Komponenten der transformationalen Führung (siehe Kapitel 2.2.1).

„Die Ursachen einer unterdurchschnittlichen Repräsentation von Frauen in Führungspositionen, etwa in Deutschland, haben viel mit einer männlichen Konstruktion von Führung („Think manager, think male") zu tun." (Lang, et al., 2014, S. 60) Ein wesentliches Argument dieses Erklärungsversuchs könnte sein, dass für die Beschreibung der Rolle einer idealen Führungskraft vor allem männliche Attribute verwendet werden und die Erwartungen an eine Frau mit diesen Beschreibungen nicht deckungsgleich sind (vgl. Wajcman, 1998, S. 34f zitiert aus: Lang, et al., 2014, S. 398). Setzen sich Frauen jedoch durch und schaffen den Weg in die Führungsetagen, konnten keine signifikanten Unterschiede zu männlichen Führungskräften in ihrem Führungsverhalten festgestellt werden (vgl. Bass, 1981, S. 500).

In einer weiteren Studie mit vier Experimenten wurde der Fokus auf das Offensichtliche, d.h. das geschlechtsstereotype äußere Erscheinungsbild gelegt, welches in Bezug zu attribuierten Führungsidealen gestellt wurde. „Demnach werden Männer und Frauen mit Führungspositionen in Verbindung gebracht, die in ihrer äußeren Erscheinung eher maskulin wirken." (Spreemann, 2000, S. 78) Dieses Experiment führte in diesem Kontext zu einer Relativierung des biologischen Geschlechts, da es u.a. wahrscheinlich auch gesellschaftliche Korrektheitsnormen sind, die zugunsten von Männern attribuiert werden (vgl. ebd. S. 80). Ist es einer Person also nicht möglich „[...] ihre Urteile an gesellschaftliche Normen anzupassen, kristallisiert sich in bezug auf die Zuschreibung von Führung offenbar nach wie vor ein Wahrnehmungsbias zugunsten von Männern heraus." (Ebd., S. 105) „Eine Frau mit typisch maskuliner äußerer Erscheinung schnitt in der Zuschreibung von Führungsmerkmalen besser ab als ein Mann mit einer typisch femininen Erscheinung." (Ebd., S. 167) Es werden zur Erklärung dieses Phänomens verschiedene Erklärungsansätze hergeleitet (prototype matching, lack of fit, selffulfilling-prophecy), die jedoch auch deutlich machen, dass es eher Erklärungsversuche sind. Schlussendlich konnte die Forscherin auch keine anwendungsorientierten Ratschläge geben, da u.a. auch „[...]

stereotypes Denken zu unterdrücken, genau das Gegenteil bewirken und am Ende ein solches Denken sogar verstärken kann […].“ (Ebd., S. 174f) Verschiedene Ansätze zur Förderung von Frauen in Führungspositionen wurden noch nicht evaluiert (vgl. Elprana & Hernandez Bark, 2015, S. 448f).

Eine weitere qualitative Studie beschäftigte sich mit der Frage, „[…] wie es sich auf die Entwicklung einer Gruppe auswirkt, ob sie von einem Mann oder einer Frau geleitet wird.“ (Osterchrist & Perger, 2001, S. 259) Ihre Forschungsrichtung ist der Schnittstelle von Dependenzmodell, Psychoanalyse und Systemtheorie zuzuordnen. Die Ergebnisse repräsentieren praxisnahe Fälle, die durch Trainings hervorgerufen werden, je nachdem ob sie von einem Mann oder einer Frau durchgeführt werden, bzw. wie sich eine Gruppe zusammensetzt: Trainerrollen einer Frau unterscheiden sich von den Trainerrollen eines Mannes. Während in Gruppen mit männlichen Trainern Autorität nicht hinterfragt wird, ist bei Gruppen mit einer Trainerin eine andere Situation geschaffen. „Zum einen sei es gesellschaftlich noch ungewohnt […] zum anderen würde die Ähnlichkeit mit der Mutter-Kind-Situation bei der Trainerin tiefliegende Ängste auslösen.“ (Ebd., S. 263) Dementsprechend schwieriger ist es für Trainerinnen „[…] in den Gruppen Autorität zu bekommen. Sie müssen sich erst beweisen, während Trainern von Anfang an Autorität zugesprochen wird, die sie allenfalls verspielen können.“ (Ebd., S. 264) Findet ein Training statt, hat dies je nach Geschlecht des Trainers auch Effekte auf die Gruppendynamik. Trainerinnen neigen dazu, auf eine Gruppe symbiotisierend[63] (regressionsfördernd) zu wirken, „[…] während Trainer eher im Kämpferischen bleiben.“ (Ebd., S. 261) Innerhalb dieser Studie lassen sich neben den Geschlechtern auch Persönlichkeitstypen von TrainerInnen „[…] auf einer männlich-weiblich Dimension unterscheiden […].“ (Ebd., S. 265) Die Trainerinnen können in die „[…] mütterliche, die strenge und die erotische Trainerin […]“ (ebd.) unterteilt werden und die Trainer in „[…] weibliche, fürsorgend mütterliche Trainer und der autoritäre, väterlich-männliche Typ.“ (Ebd.)

---

[63] Es wird hier seitens der Autoren *Triangulierung* empfohlen.

Schlussendlich kann in diesem Kapitel, wie auch in anderer Literatur, nicht zu einer Entmystifizierung (vgl. Lang, et al., 2014, S. 558) dieses Themas beigetragen werden. Es konnte aber erläutert werden, dass das biologische Geschlecht als relativ anzusehen ist und es neben diesem auch noch eine weitere Dimension gibt, von der Mann und Frau gleichsam betroffen sind.

2.2.3 Schwerpunkte der subjektiven Führungstheorien

Die bisher genannten Studien bilden die Grundlage für dieses Kapitel. Es werden einige, für diese Arbeit besonders relevante Informationen nochmal aufgenommen und inhaltlich fokussiert. Schilling (2001) analysierte in seiner qualitativen Studie die subjektiven Führungstheorien von 42 Führungskräften aus zwei Unternehmen (Telekommunikation und Immobilienbereich). Er generierte anhand der Daten verschiedene Konstruktkarten[64], durch welche Themen und Zusammenhänge veranschaulicht werden können. Aus den Antezedenzen innerhalb der subjektiven Führungstheorien der Probanden, konnten drei Dimensionen gebildet werden. Es werden hier Antezedenzen der Führung(-sperson), der Interaktion und der Umwelt[65] unterschieden. Unter den personenbezogenen Kategorien hat besonders die Persönlichkeit der Führungskraft einen hohen Stellenwert. Die Probanden nannten „[...] vor allem die *Sensibilität* (Feingefühl, Intuition) im Umgang mit Mitarbeitern [...]“ (Schilling, 2001, S. 139) als Antezedenz. An der Schnittstelle zwischen Umweltfaktoren und den genannten personenbezogenen Faktoren ist die *Interaktion* zwischen Führungskraft und Mitarbeitern. Als Voraussetzung für Führung in dieser Dimension wird die Kategorie „[...] Nähe von Mitarbeitern und Führungskraft [...]“ (ebd., S. 143) genannt. Man kann diese Kategorie in eine quantitative, d.h. Anzahl der Treffen, und eine qualitative Komponente unterscheiden: „[...] durch gegenseitiges Vertrauen

---

64 U.a. auch von guter und schlechter Führung (Schilling, 2001, S. 145/147) auf die hier nicht weiter eingegangen wird.

65 Die Umweltfaktoren finden sehr häufig Erwähnung (Antezedenzen und Konsequenzen) in den Aussagen der Probanden. Sie sind allerdings kein Schwerpunkt in diesem Kapitel.

geprägten Beziehung [...].“ (Ebd.) Als kausalitärer Gegenpol der Antezedenzen konnte eine Konstruktkarte für die Konsequenzen von Führung entwickelt werden, bei der die gleichen Dimensionen gebildet wurden. Bezogen auf die personenbezogenen Konsequenzen, wurden drei Aussagen getroffen, welche jeweils in positives, wie auch negatives subjektives Wirkungsempfinden geordnet werden können: Wenn eine Führungskraft durch ihre Führungstätigkeit Erfolg empfindet, wirkt sich das positiv auf ihre Zufriedenheit und Motivation aus, was wiederum einen positiven Einfluss auf ihre Glaubwürdigkeit und ihr Ansehen haben kann. Gegenüber ihrer Mitarbeiter eröffnet dies höhere Handlungsmöglichkeiten, was sich u.a. in der Delegation von Aufgaben äußern könnte. Für durch die Führungstätigkeit subjektiv empfundenen Misserfolg gilt wechselweise der gleiche Ablauf (vgl. ebd., S. 152f). Als Konsequenzen von Führung in der Interaktion zwischen Führungskraft und Mitarbeiter kann eine vertrauensvolle Zusammenarbeit, ‚wir‘-Gefühl und eine daraus entstehende Harmonie genannt werden. Bei Misserfolg kommt es jedoch zu Spannungen und Konflikten (vgl. ebd., S. 156).

Aretz (2007) baut mit ihren Studien teilweise auf die Ergebnisse von Schilling (2001) auf. In ihrer ersten Studie führte sie Interviews zum Thema subjektive Führungstheorien „[...] mit N = 18 Studenten eines Studiengangs und N = 18 Führungskräften eines Unternehmens.“ (Aretz, 2007, S. 186) Diese qualitative Exploration galt der Vorbereitung einer zweiten Studie, d.h. der Generierung des Fragebogens zur Erfassung Subjektiver Führungstheorien (FSFT). Die zweite Studie wurde in drei standardisierte Erhebungen unterteilt. In der ersten Erhebung (N = 49 FK und N = 65 Studenten) wurde das generierte Instrument angewandt. Im zweiten Teil der Studie wurde das Führungsverhalten aus der Sicht von Führungskräften (N = 34) und Mitarbeitern (N = 220) erhoben. Der dritte ‚Erhebungsschritt‘ bestand lediglich aus dem zweiten Messzeitpunkt (N = 44 FK und N = 221) und spiegelt inhaltlich den zweiten Schritt (vgl. ebd). Wesentliche ausgewählte Ergebnisse der Studien lauten: Generell gibt es gravierende Unterschiede zwischen den subjektiven Führungstheorien von Studenden und Führungskräften. Es „[...] lässt sich feststellen, dass Subjektive Führungstheorien von

Führungskräften sowohl komplexer als auch umfangreicher sind." (Ebd., S. 393) Darauf aufbauend lässt sich vermuten, „[...] dass sich persönliche Erfahrungen der Mitarbeiterführung auf Subjektive Führungstheorien niederschlagen [...]." (Ebd.) Als Beispiel nennt die Autorin, dass Studenten zu Antezedenzen von Führung besonders „[...] die Persönlichkeit der Führungskraft und allgemeine Sozialisationserfahrungen [...]" (ebd.) und Führungskräfte berufliche Fremdeinflüsse sowie eigene Vorgesetztenerfahrungen zählen (vgl., ebd.). Diese Beobachtung deckt sich mit den Ergebnissen von Schilling (2001) (siehe oben), der ebenfalls sagt, dass Führungskräfte zu den Antezedenzen von Führung besonders häufig Umweltfaktoren nennen. Neben den Unterschieden zwischen Studenten und Führungskräften, ist auch ein markanter Unterschied zwischen den Führungskräften entdeckt worden: „Mit steigender Führungsspanne verschlechtert sich auch das Bild über Mitarbeiter im Arbeitsprozess." (Aretz, 2007, S. 395) Die Autorin erklärt sich die Beobachtung durch die Anzahl negativer Erfahrungen, welche von Führungskräften mit steigender Führungsspanne erlebt werden. Vertreten Führungskräfte ein negatives Mitarbeiterbild, ist dies *handlungswirksam*, d.h. es äußert sich in einem relativ geringen mitarbeiterorientierten Verhalten. Die Mitarbeiter solcher Führungskräfte konnten das bestätigen. Hat die Führungskraft ein positives Mitarbeiterbild, d.h. mitarbeiterorientierte Führungsprinzipien, ist dies ebenfalls handlungswirksam und ihre Mitarbeiterorientierung wird dementsprechend positiv von ihren Mitarbeitern bewertet. „Die Gewichtung einzelner subjektiv-theoretischer Inhalte steht also im Zusammenhang mit dem tatsächlichen Führungsverhalten." (Ebd., S. 397)

Es ist diesen Ergebnissen hinzuzufügen, dass implizite Führungstheorien von der Selbstwahrnehmung der jeweiligen Personen nicht unabhängig sind. Die Entwicklung von Idealbildern, d.h. Vorbildern von Führungspersonen, sowie negativen Stereotypen, wird besonders durch soziale Interaktionen und Beziehungen geprägt, u.a. prägen die Eltern früheste Erfahrungen. Daraus werden Eigenschaften abgeleitet und den verschiedenen Rollen Verhaltensskripte und Interaktionsmuster zugewiesen. Ein durch die Selbstwahrnehmung entwickeltes Selbstbild hat in diesem Zusammenhang einen großen Einfluss auf die impliziten Führungstheorien, welche sich, je älter man wird, weiter von den elterlichen Vorbildern entfernen und abstrakteren Idealisierungen zuwenden. Die Beschreibung der impliziten Führungstheorie einer FK über einen idealen Führer ähnelt stark der Persönlichkeitsstruktur der jeweiligen Führungskraft (vgl. Keller, 1999, 2003; Felfe & Schyns, 2006 zitiert aus: Lang, et al., 2014, S. 69f). In einer weiteren Studie konnten die genannten Ergebnisse bestätigt und erweitert werden (vgl. Foti, Bray, Thompson, Allgood, 2012 zitiert aus: Schyns, et al., 2015, S. 159). Die Forscher konnten anhand der Eigenschaften aus den übereinstimmenden impliziten Theorien im Rahmen einer Profil-Analyse[66] vier Profile erstellen: „Prototypisch (hoch in Sensibilität, Intelligenz und Hingabe, niedrig in Tyrannei), Laissez-faire (durchschnittlich in Sensibilität, niedrig in Intelligenz, Hingabe und Tyrannei), narzisstisch (hoch in Intelligenz, Hingabe und Tyrannei, durchschnittlich in Sensibilität) und antiprototypisch (niedrig in Sensibilität, Intelligenz und Hingabe, hoch in Tyrannei)." (Schyns, et al., 2015, S. 159)

Um dies zusammenzufassen hängt Führung, je nach Disziplin, in hohem Maße mit der Gestaltung von Beziehungen zusammen. Für den ‚Erfolg' gibt es daher nicht eine (beste) universale Lösung. Es geht als FK vielmehr darum, mit dem jeweiligen System, d.h. den subjektiven Theorien des zu führenden Kollektivs in Resonanz zu treten. Dabei beeinflussen weitere Parameter, welche oben erwähnt wurden, je nach Kontext mit unterschiedlicher Gewichtung den Führungsprozess.

2.3 Präzisierung der Problemstellung

Im Kontext der Integration der Konstrukte subjektiver Führungstheorie und Hochsensibilität sind vor der Präzisierung der Problemstellung noch Anmerkungen vorzunehmen. Wie bei vielen anderen entdeckten Phänomenen, gab es auch bei der hsps-Forschung zuerst die subjektive Theorie, auf welche weitere Studien aufbauten. Aron, et al. (1997) ließen in ihrer ersten Studie, auf welche die sechs weiteren aufbauten,

66 Engl.: Latent profile analysis

die Probanden im Versuchsablauf jeweils zuerst ihre subjektiven Theorien zu ‚sensitivity' beschreiben, danach füllten sie einen Fragebogen zu ihrem Bindungsstil[67] und den Myers-Briggs Type Indicator (MBTI)[68] aus. Es ist dem Autor nicht bekannt, ob der Versuchsablauf nach der Beschreibung des Begriffs ‚sensitivity' einen Zeitraum enthielt, in dem die Probanden ‚neutralen' Reizen, bzw. einem ausgedehnten Zeitabstand zwischen dem Ausfüllen der weiteren Fragebögen ausgesetzt wurden. Wäre dem nicht so, könnte der Versuchsablauf auch als eine Art Priming bezeichnet werden.[69] Priming kann man ins Deutsche etwa mit ‚vorheizen' übersetzen. Es ist ein Versuchsaufbau aus der Gedächtnisforschung, dem man sich bedient, wenn man beweisen will, „[...] dass unterschiedliche implizite Gedächtnisinhalte auf unterschiedliche[n] Arten von Prozessen beruhen." (Srinivas & Roediger, 1990 zitiert aus: Zimbardo, et al., 2004, S. 319) Dabei entsteht für das implizite Gedächtnis ein Vorteil, wenn es vorher durch Begriffe, Kontexte, Farben, Gesichter etc. vorgeheizt wurde. Unter Umständen könnte dies bedeuten, dass die Gehirne der Probanden, die in den Studien zuerst eine HSP-Scale ausfüllen mussten, für‚Hochsensibilität', wie sie in den jeweiligen Instrumenten gemessen wird, zugänglicher waren und somit die Ergebnisse der folgenden Instrumente beeinflusst haben (vgl. Aronson, et al., 2008, S. 62ff).[70] Es lässt sich somit nicht vollständig ausschließen, dass es sich bei dem Phänomen um ein handlungswirksames und von Beeinflussung und subjektiver Theorie Unabhängiges, d.h. ‚Tatsächliches' handelt. Im Bewusstsein dessen, dass es verschiedene Möglichkeiten der persönlichen Entdeckung und Ausprägung des Phänomens (hsps/ Hochsensibilität) für betroffene Personen gibt, wird in dieser Arbeit weiterhin von der zu Beginn erwähnten Definition ausgegangen. Das Forschungsfeld ist noch relativ jung und es gibt genügend betroffene Menschen in Selbsthilfegruppen, die von einer

---

67 Attachment-style questionnaire (Hazan & Shaver, 1987)

68 Myers Briggs Type Indicator (Myers, 1962)

69 Dieser Versuchsablauf ist auch bei weiteren Studien der Fall (siehe 2.1.2.)

70 Dem ist hinzuzufügen, dass Aron et al. (1997) in sechs von ihren sieben grundlegenden Studien ausschließlich Psychologiestudenten US-amerikanischer Hochschulen befragten.

Beschreibung des hsps-Phänomens profitieren, da sie sich darin wiedererkennen und es Gemeinsamkeiten in geschilderten Verhaltensweisen gibt. Auch Aron (2014) scheint diese Herausforderung erkannt zu haben und sagt, dass ihre generierten Instrumente für eine Diagnostik nicht ausreichen und bei jetzigem Sachstand nur über das jeweilige Verhalten auf eine hsps-Betroffenheit geschlossen werden kann (siehe 2.1.1).

In der nahen Vergangenheit setzten sich zwei Studien auch mit HSPs in der Arbeitswelt auseinander. Lengyel (2013) nahm sich zur Aufgabe Hochsensibilität als Wirtschaftsfaktor zu betrachten. Es konnten aus der quantitativen Exploration allerdings keine Signifikanzen, sondern allenfalls Tendenzen abgeleitet werden, weshalb im weiteren Verlauf hierzu kein Bezug mehr genommen wird. Cooper (2014) erforschte in seiner qualitativen Studie den Bezug zwischen HSPs und ihrem Temperament angemessenen Karrieren[71]. Auch diese Studie findet keine weitere Erwähnung, da vermutet wird, dass die Methode und dadurch die Ergebnisse durch eine offen kommunizierte subjektiv-spirituelle Einstellung des Autors beeinflusst wird (vgl. ebd., S. 26ff, 45f). Dabei bleibt eine dezidierte empirische qualitative Datenauswertung (Grounded Theory o. Ä.) aus. „Das Kennzeichen der Wissenschaft ist die Methode. Wissenschaft lässt sich nicht über Inhalte definieren, sondern nur über die Vorgehensweise. Von der Vorgehensweise hängt die Gültigkeit der Schlussfolgerung ab.“ (Schnell, et al., 2005, S. 6)

In einer anderen Studie konnten Zusammenhänge zwischen Macht und interpersoneller Sensibilität[72] nachgewiesen werden. Der Versuchsaufbau beinhaltet, nach der Randomisierung der Probanden zu einer Versuchs- und Kontrollgruppe, ein Essay Priming: Sie mussten entweder einen Essay über ein Erlebnis schreiben, in dem sie Macht über eine Person hatten oder (als Kontrollgruppe) einen Essay über den gestrigen Tag oder einen Essay über ein Erlebnis, in dem jemand Macht über einen selbst hatte, verfassen. Danach wurden durch transkranielle Mag-

71 Engl.: temperament-appropriate careers

72 Engl.: interpersonal sensitivity

netstimulation (TMS) Areale des Gehirns stimuliert und die dadurch provozierten, motorisch evozierten Potentiale (MEP) mit einer Elektromyografie (EMG) gemessen, während die Probanden Konzentrations- und Zählübungen durchführen sollten. Die Autoren fanden heraus, dass es einen linearen negativen Zusammenhang zwischen Macht und der motorischen Resonanz gibt, aus der sie schlossen, dass steigende Macht mit sinkender interpersoneller Sensibilität signifikant in Beziehung steht (vgl. Hogeveen, Obhi, Inzlicht, 2013). Wie schon in Kapitel 2.2.3. erwähnt, hat „[...] *Sensibilität* (Feingefühl, Intuition) im Umgang mit Mitarbeitern [...]" (Schilling, 2001, S. 139) als Antezedenz der Persönlichkeit einer Führungskraft in den subjektiven Theorien eine gewichtige Bedeutung.

Es wäre verfrüht zum jetzigen Forschungsstand bei dem Phänomen hsps und den damit evtl. verbundenen Fähigkeiten von einem Einflussfaktor auf das intellektuelle Kapital einer Organisation zu sprechen (vgl. Bornemann & Reinhardt, 2008, S. 83ff), da es hierfür von wissenschaftlicher Seite noch keine hinreichende Basis[73] gibt. Der Softwarekonzern SAP hat jedoch bspw. das bisher ungenutzte Humankapital von MA mit autistischen Störungen erkannt und plant, das Unternehmen bis 2020 um etwa 650 Autisten zu bereichern (vgl. dpa/lw, 2013). Unter den eigens für diese entwickelten Voraussetzungen erhalten sie die Möglichkeit, ihre besonderen Fähigkeiten auszuschöpfen (vgl. Barrein, 2013). Vergleichbare stärkenorientierte Programme für HSPs sind, wahrscheinlich aufgrund der genannten Gründe, bisher nicht angedacht. Auch wenn keine organisatorischen Förderprogramme bekannt sind, die Entfaltung des möglichen Potenzials aktiv zu gestalten, so bleibt die Erkenntis, dass HSPs besondere Voraussetzung an ihre Arbeitsumgebung setzen, um ein optimales Arousal zu erreichen und sie hohe Werte auf der ToM-Skala haben (siehe 2.1.3.).

[73] Obwohl das Phänomen hsps seit 1997 beforscht wird, ist in der Verbindung von hsps und der Arbeitswelt empirisch relativ wenig bekannt.

Zum Vor- und Nachteil dieser Studie fehlen (diagnostizierte) weltweit bekannte Vorbilder unter hochsensiblen Führungskräften, anhand derer sich stereotype Beschreibungen ausbilden konnten. Durch Hollywoodfilme wie Rainman, Snow Cake und deutsche Produktionen wie Ben X (vgl. Autismus Hamburg e.V.), konnten fassbare Figuren mit Autismus geschaffen werden, die von den Zuschauern in ihre subjektiven Theorien aufgenommen wurden. Im Rahmen der sozialen Konstruktion dieser Figuren, die neben dem genannten Einfluss vor allem sprachgeleitet ist, konnten sich auch verschiedene Metaphern zu Führungskräften bilden. Es können als Beispiele ‚der Heilige', ‚Kumpel und Kamerad', ‚Feldherr' oder der ‚Tyrann' genannt werden (vgl. Lang, et al., 2014, S. 293ff). Hochsensible Führungskräfte als Metapher oder internationale Vorbilder sind auch nach intensiver Recherche[74] nicht bekannt und lassen den HSFK die Möglichkeit offen, ihre subjektive Führungstheorie sowie ihr damit verbundenes Verhalten relativ unabhängig davon auszuprägen. Um der bisherigen Wissenslücke über die subjektiven Führungstheorien von HSFK entgegenzuwirken und ihre Merkmale und Verhaltensweisen explorativ zu erfassen, leiten sich aus dieser Problemstellung folgende hypothesengenerierende Fragen ab:

1. Durch welche Merkmale zeichnen sich hochsensible Führungskräfte (HSFK) aus?
2. Was bedeutet ‚Führung' für HSFK?
3. Wie führen HSFK (Führungsverhalten)?
4. Gibt es Anzeichen für einen hsps-Führungsstil?

Die vier Forschungsfragen vermengen Typologien von Führungsmodellen aus den objektiven Führungstheorien mit Inhalten aus den subjektiven Führungstheorien. Dadurch bilden sie eine sich gegenseitig bedingende Symbiose, da generierte Informationen zu einer Frage durch die

[74] Neben den schon genannten wissenschaftlichen Berichten in Kapitel 2.2. ist noch auf weitere Literatur zu verweisen, welche bei Jack (2015) einzusehen ist. Durch die gemeinsame Sprache in Deutschland, Österreich und der Schweiz (D – A – CH) hat sich durch die genannte Literatur allerdings ein gemeinsamer Konsens herausstellen können.

Subjektivität auch eine inhaltliche Passung zur Beantwortung einer anderen Frage haben könnte (siehe Kapitel 3.2.2.).

3. Methode

Dieses Kapitel stellt den kompletten Forschungsprozess vor. Es beginnt mit der Begründung der Wahl des Forschungsansatzes, sowie der Generierung des Forschungsgegenstands. Daran schließt sich die Beschreibung der Stichprobe, die Datenerhebung selbst und zum Schluss die Datenauswertung an. Zweck dieses Kapitels ist es für weiterhin tätige Forscher die Vorgehensweise so transparent wie möglich zu gestalten um die Ergebnisse replizieren zu können.

3.1. Die Wahl des Forschungsansatzes

Bei dem aktuellen Forschungsfeld steht der Forscher im Spannungsfeld zwischen Fremdheit und Vertrautheit. Zum einen hat er eine gewisse Distanz und Neutralität dem Thema gegenüber zu wahren, zum anderen war er selbst Führungskraft und verfügt über eine Innenperspektive, welche ihm Zugänge zu Informationen bietet, die den Forschungsgegenstand wertvoll bereichern können (vgl. Flick, et al., 1991, S. 155). Die Kombination der Perspektive des Forschers mit dem gewählten qualitativen Forschungsansatz ergibt die Möglichkeit „[...] ein wesentlich konkreteres und plastischeres Bild [...]“ (Flick, et al., 2005, S. 17) zu generieren, welches für weitere Forschung und Praxis wertvoll sein könnte: „Gerade diese Offenheit für Erfahrungswelten ihre innere Verfasstheit und ihre Konstruktionsprinzipien sind für die qualitative Forschung nicht nur Selbstzweck für ein Panorama von <Sittenbildern> kleiner Lebenswelten, sondern zentraler Ausgangspunkt für gegenstandsbegründete Theoriebildung [...].“ (ebd.) In den letzten Dekaden hat sich die qualitative Forschung in verschiedensten Forschungsfeldern und Disziplinen zunehmend etabliert (vgl. Flick, et al., 2005, S. 13). Auf Grund der verschiedenen Qualitativen Forschungsansätze müssen die „[...] theoretischen Annahmen, in ihrem Gegenstandsverständnis und methodischen Fokus, [...] in ihren Forschungszielen und in den eingesetzten Methoden [...]“ (Flick, et al., 2000, S. 18) differenziert betrachtet werden.

Die aktuellen Forschungsfragen profitieren von den Prinzipien der qualitativen Forschung, zu denen u.a. Subjektbezogenheit, Offenheit und Interpretation zählen (vgl. Mayring, 2002). Da das Forschungsfeld der subjektiven Führungstheorien hochsensibler Führungskräfte ein bisher nicht erforschtes Feld darstellt, bietet sich der Einsatz qualitativer Methoden bei dieser Exploration besonders an. Die zu gewinnenden Informationen sind äußerst subjektbezogen und der Forschungsprozess ist durch die Unsicherheit über die Tendenz und Dichte der Daten dynamisch auszurichten. Dem entgegen steht der quantitative Ansatz, bei dem die Standardisierung thematisch viel Raum einnimmt (vgl. Flick, et al., 2005, S. 25). Grundsätzlich sollte sich jedoch nicht generell gegen eine Datenerhebungstechnik entschieden werden, da eine Angemessenheit in Bezug auf den Forschungsgegenstand nur durch die zweckmäßige Auswahl unterschiedlicher Methoden erreicht werden kann (vgl. Shaetsley, 1983, S. 195 zitiert aus: Schnell, et al., 2005, S. 321). In dieser Arbeit wird auf angemessene Erhebungstechniken und Auswertungsmethoden zurückgegriffen.

3.2. Generierung des Forschungsgegenstands

Bestandteil dieses Kapitels ist das Forschungsdesign, d.h. wie der Ablauf der Erhebung geplant ist und was dabei beachtet werden soll. Daran schließt sich die Operationalisierung der Konstrukte an, die mit Bezug zu den jeweiligen Forschungsfragen bearbeitet werden. Nun wird nach Aufbau der Grundlagen die Entwicklung der beiden Erhebungsinstrumente erläutert.

3.2.1. Design

Da es zu diesem speziellen Themengebiet noch keine Forschung, allenfalls vergleichbare quantitative Forschung gibt, soll hier hypothesengenerierend, d.h. explorativ verfahren werden. Dabei bietet es sich an qualitativ, z.B. anhand teilstrukturierter Leitfadeninterviews, vorzugehen (vgl. Schnell, et al., 2005, S. 387f). Die Teilstrukturierung ergibt sich allerdings mehr aus der begrifflichen Abgrenzung zu narrativen und strukturierten Interviews, als aus der Teilstrukturierung selbst, da das Interview als „Prozeß permanenter Operationalisierung“ (Hopf, 1978, S. 111 aus Schnell, et al., 2005, S. 387) angesehen wird. Neben den Interviews mit den HSFK werden noch Vergleichsinterviews mit FK durchgeführt, die nicht von der Existenz des Phänomens hsps, bzw. der eigenen Betroffenheit wissen (vgl. Schnell, et al., 2005, S. 211ff). „Vor allem auf noch wenig erforschten Gebieten ist die Anzahl der möglichen Drittvariablen sehr groß, so dass eine Eingrenzung der Parallelisierungsmerkmale schwierig ist." (Ebd., S. 223) Das heißt, dass auf die „weniger strenge Technik der parallelisierten Gruppen („matched groups")" (ebd.) zurückgegriffen wird. „Dabei wird lediglich verlangt, dass die Häufigkeitsverteilungen bezüglich der parallelisierten Merkmale in den Gruppen identisch sind." (Ebd.)

t_0	t_1	t_2	t_3	
X_0		X_2		HSFK
	X_1	X_2	X_3	non-HSFK (Kontrollgruppe)

Abbildung 1: Untersuchungsdesign

Zum Zeitpunkt X_0 finden Erhebungen anhand eines Onlinefragebogens statt, bei welchem sichergestellt wird, dass sich ausschließlich HSPs unter den FK (Experimentalgruppe) befinden. Anhand ihrer biographischen Daten wird die ‚matched group' (FK (Kontrollgruppe)) zusammengesetzt. Zu X_1 finden kurze Telefongespräche statt, in welchen darauf geachtet wird, dass den Probanden das Phänomen hsps nicht bekannt ist bzw. sie von ihrer eigenen Betroffenheit nichts wissen[75]. Zu X_2 finden jeweils die Interviews statt und die Kontrollgruppe erfährt zum ersten Mal das Forschungsthema der Studie. Bisher sind sie davon ausgegangen, dass ausschließlich ihre subjektiven Führungstheorien erhoben werden. Im Zeitpunkt X_3 füllen die Probanden der Kontrollgruppe ebenfalls den Onlinefragebogen aus. Zum einen soll dadurch sichergestellt werden, dass sich wirklich keine HSFK in dieser Gruppe befindet. Zum anderen füllt die Kontrollgruppe den Fragebogen nach dem Interview aus, um eine Beeinflussung (Priming) des Interviews durch den Fragebogen zu vermeiden.

75 Dabei bemüht sich der Forscher Items der HSP *‚very short scale'* in das Vorgespräch einfließen zu lassen.
vgl. http://hsperson.com/pdf/Tips_for_SPS_Researchers_Nov21_2013.pdf [Stand: 17.12.2014]

3.2.2. Operationalisierung

In folgendem Kapitel wird das Konstrukt *‚subjektive Führungstheorie hochsensibler Führungskräfte‘* operationalisiert, welches in die Dimensionen *Merkmale, subjektive Führungstheorie* (vgl. Aretz, 2007, S. 180ff; Schilling, 2001, S. 96f), *Führungsverhalten* und *typisches Verhalten HSP* unterteilt wird (ausführliche Tabelle siehe Anhang 4). Die Dimensionen sind als aufeinander aufbauend, bzw. sich gegenseitig durchdringend zu betrachten. Dies bedeutet, dass sich die verschiedenen Merkmale als unabhängige Variable, „[...] in den Subjektiven Theorien über Führung [abhängige Variable] niederschlagen.“ (Aretz, 2007, S. 181) Durch die Handlungswirksamkeit der subjektiven Führungstheorien haben diese einen Einfluss auf das Führungsverhalten der FK. Das Führungsverhalten wiederum beeinflusst die subjektiven Führungstheorien (vgl. ebd.). Aus diesem Grund dürfen die Bezeichnungen der folgenden Kapitel durch die jeweilige Forschungsfrage als weniger streng betrachtet werden. Die Forschungsfragen verbinden die beiden Führungstheorien und bieten durch eine transparente Darstellung die Berücksichtigung von Falsifikationskriterien.

Merkmale (Forschungsfrage 1)

Diese Dimension leitet sich aus den ‚Personalen Variablen‘ des heuristischen Untersuchungsmodells nach Aretz (2007, S. 180f) ab, welche in dieser Arbeit in die *persönlichen*, d.h. soziodemographischen, *beruflichen* und *führungsrelevanten* Kategorien unterteilt werden. Es wurden zusätzlich noch einige Indikatoren, welche für den Kontext dieser Arbeit relevant sind, hinzugefügt. Insbesondere der Indikator ‚Werdegang‘ zielt auf besondere Muster in den Berufslaufbahnen hochsensibler MA ab (vgl. Aron, 2014, S. 231ff). Genannte Daten werden für die Parallelisierung verwendet.

Subjektive Führungstheorie (Forschungsfrage 2)

Nach dem Vorbild von Aretz (2007, S. 180f) wird die Subjektive Führungstheorie in die Kategorien *Personenschemata*, *Selbstschemata* und *Ereignisschemata* differenziert. „Schemata sind konzeptuelle Rahmen oder Bündelungen von Wissen, die sich auf Objekte, Menschen und

Situationen beziehen. Schemata sind ‚Wissenspakete', die komplexe Verallgemeinerungen über Ihre Erfahrungen mit der Struktur der Umwelt enkodieren." (Zimbardo, et al., 2004, S. 328)

Personenschemata umfassen u.a. das Wissen über Stereotype, Überzeugungen, Eigenschaftsverteilungen und typische Merkmale. Innerhalb der Personenschemata wurde allerdings der Begriff ‚erfolgreich', welcher sich bei Aretz (ebd.) auf die Eigenschaften und Verhaltensweisen von FK sowie MA bezieht, durch ideal/nicht-ideal ersetzt. Dadurch soll der Fokus vom Erfolgsbegriff gelöst und zu einer individuelleren und subjektiveren Sichtweise von ‚idealen' Stereotypen verschoben werden, um auch herauszufinden, wie sich der ideale Fit von FK und MA bei dem jeweiligen Probanden darstellt. Die Selbstschemata beinhalten vor allem selbstbezogenes Wissen, was seitens der Probanden eine gewisse Reflexion abverlangt, welche durch Perspektivenwechsel, d.h. einer zirkulären Schilderung aus Sicht der MA, erweitert wird. Dem folgen Ereignisschemata, welche Vorstellungen über Prinzipien und Vorbilder sowie dem Verständnis von Führung (vgl. Schilling, 2001, S. 96f) abbilden. Je nach Grad der Passung auf zwischenmenschlicher Ebene wird auch die Methode des *freien Assoziierens* angewandt. In dieser Methode ist der Interviewte dazu angehalten seine Gedanken mitzuteilen, egal ob es unsinnig oder unwichtig erscheint (vgl. ebd., S. 100). In diesem Kontext kann auch mithilfe von Metaphern geantwortet werden.

Führungsverhalten (HSFK) (Forschungsfrage 3)

Diese Dimension wird in dieser Arbeit durch die Kategorien *Critical Incidents* und der *provokanten-‚HSP-Situation'* beschrieben. Es werden Informationen dazu gesammelt, in Abhängigkeit von der jeweiligen subjektiven Führungstheorie und der personalen Variablen, wie sich das Führungsverhalten der HSFK abbildet.

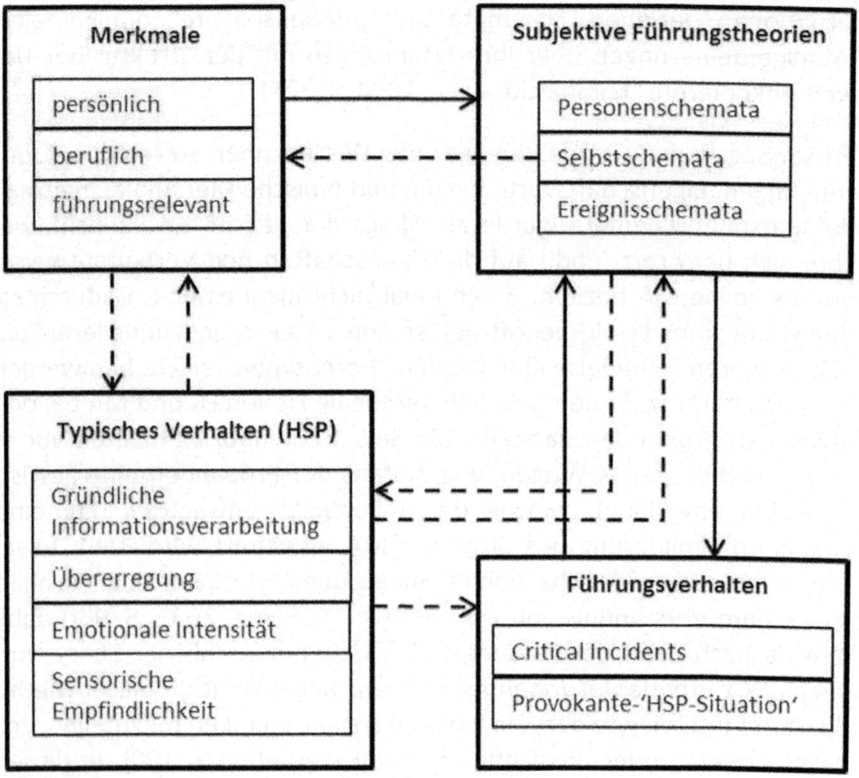

Abbildung 2: Heuristisches Untersuchungsmodell (angelehnt an: Aretz, 2007, S. 180)

„Weiterhin wird angenommen, dass *Subjektive Führungstheorien* handlungswirksam sind und sich in dem *Verhalten* (von Führungskräften) niederschlagen. So trivial diese Annahme auf theoretischer Ebene zu sein scheint, so schwierig ist sie gleichzeitig empirisch zu überprüfen." (Aretz, 2007, S. 181) In dieser ergebnisoffenen Exploration wird an der oben beschriebenen allgemeinen Definition von Führung festgehalten: „[...] absichtliche, zielbezogene Einflussnahme bzw. (Verhaltens-) Beeinflussung [...]." (Ebd., S. 7) Nachdem die Bedeutung von Führung für HSFK erhoben wurde, wird hier die Umsetzung der Führung erhoben, d.h. ‚Wie?'. Hier wird u.a. die induktive Methode der ‚Critical Incidents

Technique'[76] integriert, in der durch Fragen nach besonders guten und schlechten Erlebnissen als Führungskraft Muster erkannt werden sollen. Darauf folgt wieder ein Indikator, in der die FK aus Sicht der MA eine Einschätzung zum eigenen Verhalten abgeben soll.

Typisches Verhalten (HSP)

Typische Verhaltensweisen[77] *von HSP* (Anhang 4) lassen sich in vier Kategorien unterteilen: *Gründliche Informationsverarbeitung, Übererregung, Emotionale Intensität* und *Sensorische Empfindlichkeit* (vgl. Aron, 2014, S. 47ff). Diese Verhaltensweisen werden anhand der oben geschilderten Situation provoziert, die Reize enthält, welche zugehörige Indikatoren auslösen können. Auf die Reaktion der Situation werden vertiefend Indikatoren aller Kategorien der Dimension ‚Typisches Verhalten (HSP)' verwendet, mit welchen man auf die evtl. Besonderheiten dieses typischen HPS-Verhaltens abzielt. Als weitere Methode werden durch tiefere Operationalisierung der hsps-Dimensionen, mit Unterstützung von Erfahrungsberichten von HSPs (vgl. Aron, 2014) Situationen, Kontexte und Verhaltensweisen identifiziert, in denen hsps mit großer Wahrscheinlichkeit eine Rolle spielen könnte und in eine konstruierte Situation integriert, auf die die FK reagieren und somit ihr etwaiges Führungsverhalten schildern soll. Von Interesse sind etwaige Unterschiede und Gemeinsamkeiten zwischen Experimental und Kontrollgruppe. Es wird darauf geachtet, dass von jeder Kategorie der Dimension ‚Typische Verhaltensweisen (HSP)' mindestens ein Indikator in die Situationsbeschreibung integriert wird.

---

76 vgl. http://www.uni-lueneburg.de/personal_fuehrung/index.php/Critical_Incident_Technique [Stand: 23.10.2014]

77 Die Beantwortung der Forschungsfrage 4 leitet sich aus den Informationen und ggf. erkennbaren Mustern ab. Besonders Muster der subjektiven Führungstheorien und damit evtl. zusammenhängendem Verhalten ist von Relevanz, die sich von der Kontrollgruppe unterscheiden. Zudem bietet es sich an verschiedene Situationen zirkulär zu betrachten, d.h. neben der eigenen (HSFK) auch aus der zirkulären Perspektive der MA.

3.2.3. Entwicklung der Erhebungsinstrumente

Im Rahmen dieser Studie wurden zwei Erhebungsinstrumente entwickelt, wobei der Schwerpunkt auf der Generierung des Interviewleitfadens (siehe Anhang 3) liegt. Als weiteres in diesem Fall quantitatives Instrument, wurde die HSP-Scale von Aron (1997) in die deutsche Sprache übersetzt. Auf die methodische Herleitung des quantitativen Instruments durch Aron wird in Kapitel 2.1.1. eingegangen.

HSP-Skala (Original/ übersetzt)

Der Grad der ‚Sensibilität' kann laut Aron, et al. (1997, S. 352) in der *Highly Sensitive Person Scale* erfasst werden. Dieses Selbstdiagnoseinstrument hat 27 Items mit je sieben Antwortmöglichkeiten, durch die insgesamt zwischen 27 und 189 Punkten erreicht werden können. Personen mit einem Score ab 140 Punkten, d.h. die oberen 20-35% eines Samples, gelten als hochsensibel (vgl. Liss, et al., 2005, S. 1431). Der Fragebogen ist frei zugänglich.[78] Voraussetzung für die Teilnahme an dieser Exploration ist die Selbstdiagnose der Führungskräfte mit der vom Forscher übersetzten Fassung[79] des genannten Instruments zur Selbstbeurteilung. Es darf davon ausgegangen werden, dass Führungskräfte, die sich ihrer Hochsensibilität bewusst sind, den Fragebogen von Aron, et al. (1997), bzw. schon übersetzte Fassungen, kennen und angewandt haben. Für die vorliegende Studie entscheidet die Punktzahl innerhalb der Skala über die Teilnahme an der Studie. Deshalb findet die schriftliche Onlinebefragung (unipark) nicht anonymisiert statt, da die Daten den jeweiligen Teilnehmern zugewiesen werden müssen. Für den praktischen Gebrauch der HSP-Skala bedeutet es, dass „[...] die Teilergebnisse zu einem Gesamtergebnis zusammengefasst werden [...]" (Bortz, 2005, S. 514) können und „[...] nicht getrennt ausgewertet werden [...]". (Ebd.) Nach der Definition von Schnell hat sich der Forscher aus den verschiedenen Arten der internetgestützten Befragung für ein

78 http://hsperson.com/pdf/HSPSCALE_2007_research.pdf [Stand: 09.04.2015]

79 Zum Termin der Veröffentlichung lag leider keine schriftliche Erlaubnis zum Abdrucken der übersetzten Version der HSP-Scale (Aron, 1997) durch die *American Psychological Association* (APA) vor. Diese kann ich Ihnen ab Oktober 2016 auf Anfrage (eMail an: HSPLeadership@web.de) gerne zukommen lassen.

convenience sample-Survey entschieden, das bedeutet, dass nur eine bestimmte nicht randomisierte Stichprobe die Möglichkeit erhält den Fragebogen auszufüllen und das ohne Anspruch auf Generalisierbarkeit der Ergebnisse (vgl. Schnell, et al., 2005, S. 378ff).

Aron, et al. (1997) haben auf eine dezidierte Skalenbeschreibung und eine durchgängige Verbalisierung der Skalenpunkte verzichtet. Für diese Arbeit wurde daher als Skala für die Antwortvorgaben eine vereinfachte[80] Likert-Skala gewählt (vgl. Bortz, et al., 2006, S. 224). „Likert-Skalen in der empirischen Sozialforschung weisen bis zu 20 oder auch 30 Items auf." (Schnell, et al., 2005, S. 190) Die sieben-stufige Skala (trifft überhaupt nicht zu (1), trifft nicht zu (2), trifft eher nicht zu (3), halb-halb/weiß nicht (4), trifft eher zu (5), trifft zu (6), trifft sehr zu (7)) wurde bipolar ausgerichtet und dadurch begründet, dass Aron, et al. (1997) die Skalenbeschreibung ebenso wählten (not at all (1), moderately (4), extremely (7)). Die Übersetzung richtet sich inhaltlich, trotz der vielfachen Missachtung der Regeln zur Generierung von Fragen bzw. Aussagen in der englischsprachigen Originalversion (vgl. Schnell, 2011, S. 171; Holm, 1986 zitiert aus: Mayer, 2013, S. 80), streng an die Originalitems, um eine evtl. Verzerrung und mangelnde Vergleichbarkeit zu vermeiden.

Interviewleitfaden

Da es für das Konstrukt subjektive Führungstheorien bzw. für eine präzise Definition noch keinen eindeutigen Konsens gibt, bedient sich der Forscher der dadurch gegebenen Freiheiten (vgl. Aretz, 2007, S. 403). Mit dem Blick auf den passenden Kontext bleibt u.a. für das Setting, die Art der Fragen, die Reihenfolge und die Betonung ein interpretativer Spielraum Akzente zu setzen, um gezielt Informationen bei den Probanden abzurufen.

Bei den zu ermittelnden Daten sind vor allem Informationen von Relevanz, die mit den Forschungsfragen in Bezug gebracht werden und mit

80 Es wurde auf eine ausführliche Itemanalyse verzichtet, welche für eine Likertskala nötig wäre.

weiteren Daten verglichen werden können. Ein offenes Interview würde den Rahmen bzw. die Datendichte sprengen, daher wurde das teilstrukturierte Leitfadeninterview als Erhebungsinstrument ausgewählt (vgl. Mayer, 2013, S. 37). „Der Leitfaden dient als Orientierung bzw. Gerüst und soll sicherstellen, dass nicht wesentliche Aspekte der Forschungsfrage im Interview übersehen werden. Das Interview muss jedoch nicht strikt nach der zuvor festgelegten Reihenfolge der Fragen des Leitfadens verlaufen." (Ebd.) Beispielsweise bietet *das Prinzip der entdeckenden Wissenschaft* durch die ständige Kontextualisierung des Forschungsgegenstands im Rahmen der Leitfadengenerierung Freiheiten, die einen interpretatorischen Umgang mit der Quellenlage erlauben (vgl. Flick, et al., 2005, S. 24f).

Die Brisanz des Forschungsthemas ist bekannt. Ergänzend zu allgemeinen methodischen Herausforderungen von Interviews, bspw. der generellen *Reaktivität,* wird ein ständiger ‚Dialog' zwischen Forscher, Beforschtem und Forschungsgegenstand verursacht. Insbesondere Fragen zum Führungsverhalten können als unangenehm und als sozial unerwünscht angesehen werden und dann zur Antwortverweigerung (Reaktanz) oder Verzerrung führen. Interviewer und Forscher sind jedoch dieselbe Person, daher bedarf es keiner weiterer Vorgehensanweisung und spezieller Interviewerschulungen zum angegebenen Thema (vgl. Schnell, et al., 2005, S. 339ff).

Die Reihenfolge der die vier Dimensionen betreffenden Fragen wurden im Interviewleitfaden teilweise geändert, um evtl. *Response Errors* (vgl. ebd., S. 353f) aufgrund der Sensibilität des Forschungsthemas zu vermeiden. Taktisch wurde daher mit oberflächlichen Fragen begonnen, bis die emotionalisierenden Fragen, die eigene Verhaltensweisen und Erlebnisse ansprechen, gegen Ende gestellt wurden. Bei der Generierung der Fragen (siehe Anhang 3, Anhang 4) wurden verschiedene Frageblöcke unterschieden. Der Interviewleitfaden beginnt mit dem Itemblock, in welchem die **Merkmale** erfasst werden. Es werden hier Daten und Kurzbeschreibungen erfasst. Dies dient nicht nur der Erhebung der Daten, sondern auch um das Gespräch langsam zu beginnen und den Interviewpartner nicht zu überfordern. Die Antwort auf die Frage nach der Führungsebene wird in der provokanten-‚HSP-Situation' verwendet, um dort die jeweilige ‚Autorität' einzusetzen.

Am Ende dieses Fragenblocks steht eine Eisbrecherfrage, welche zu den offeneren Items überleitet. Für die Interviews hat sich der Forscher zusätzlich Anmerkungen und Hinweise auf dem Interviewleitfaden vermerkt, die relevant für das richtige Setting im Interviewverlauf sind.

Die nächsten Fragen der Dimension subjektive Führungstheorie in der Kategorie **Ereignisschemata** zielen besonders auf die Aufzählungen und Beschreibungen von Prinzipien, Vorbildern und Führungsverständnis ab. Ab diesem Frageblock werden die Probanden darauf hingewiesen, dass sie frei assoziieren dürfen, d.h. Gedanken frei mitteilen sollen, wie sie kommen, ohne lang darüber nachzudenken. In den nächsten Items innerhalb der **Personenschemata**, stehen erst die FK im Fokus. Sie werden, angelehnt an die *Critical Incident Technique*, nach Eigenschaften und Verhaltensweisen (nicht) idealer FK gefragt. Die Fragen werden vorsichtig formuliert, um den hypothetischen Charakter hervorzuheben. Umso fassbarer werden die jeweils darauf folgenden Items, in denen nach konkreten Beispielen für Verhaltensweisen einer (nicht) idealen[81] Führungskraft gefragt werden.

Darauf folgen Fragen zum **Mitarbeiterbild**. Durch das Wort ‚ideal' wird eine subjektive und eine individuelle Einschätzung intendiert, bei welcher der eigene und aktuelle Kontext abgerufen werden soll. Auf dem Subtext wird die Frage gestellt: „Was bedeutet ideal für Sie?". Wenn der Interviewer merkt, dass der Proband ‚ideal' anders interpretiert, wird die Frage direkt gestellt und auf die intendierte Bedeutung hingewie-

81 Kurzer Exkurs zum Begriff *ideal*: Der Begriff 'ideal' bildet wie der Begriff 'optimal' ein Superlativ ab, welches unabhängig von äußeren Einflüssen und Situationen gilt. In dieser Definition bleibt das ideale Verhalten eines Menschen eine Theorie, welche mehr durch Wünsche der gefragten Personen zum Ausdruck kommt. Durch den Begriff ‚nicht' vor ‚ideal' erhält der Begriff seine Negierung, d.h. bspw. die Verhaltensweisen der subjektiv empfundenen ‚denkbar schlechtesten' Führungskraft. Dies ist zu erwähnen, da in einem anderen Verständnis eine geringe Abweichung von ‚ideal', d.h. ‚nicht-ideal' auch noch sehr nah an ‚ideal' liegen kann. Der Begriff ‚ideal' erhält somit eine zentrale Bedeutung in diesem Interviewleitfaden.

sen. Die Probanden werden hier wahrscheinlich besonders bei der Frage „Was ist Ihnen an Ihren MA besonders wichtig?“ zum ersten Mal das Gefühl bekommen, dass sich die Fragen, obwohl sie anders formuliert und gestellt sind, inhaltlich sehr ähneln, da zwar von ‚ideal‘ abgewichen wird, aber wieder nach Eigenschaften und Verhaltensweisen gefragt wird. Diesmal wird allerdings konkret nach den MA der FK gefragt, um inhaltlich die Informationsdichte zu erhöhen und den Probanden die Möglichkeit zu geben bei der Beantwortung einzelner Fragen das Gefühl zu suggerieren eine weitere Frage beantwortet zu haben. Eine andere Möglichkeit wäre es gewesen die Frage einmal zu stellen und durch wiederholtes Nachfragen („Was noch?“) an weitere Informationen zu gelangen, was aber zu einer Frustration und Verunsicherung des Probanden hätte führen könnte. Somit wurden zur Komplettierung eines Interessenbereichs Items[82] aus zwei Kategorien verwendet (Personenschemata und Selbstschemata).

Bei den **Selbstschemata** steht das Wissen über sich selbst sowie die Fremdperspektive, welche zirkulär wieder durch die MA-Perspektive erfasst wird, im Fokus. Die Fragen dieser Kategorie kennzeichnen sich durch eine offenere Formulierung und einen Wechsel zwischen FK und MA-Perspektive. Besonders interessant könnte folgende Aufforderung sein: Beschreiben Sie bitte einen MA, der *ideal* zu Ihnen passen würde. Das Item zielt im Subtext darauf ab, durch welche Eigenschaften und Verhaltensweisen eines idealen Mitarbeiters harmonische Arbeitsabläufe und ein optimales Arbeits-Arousal hergestellt werden können. Zudem ist diese Frage reflexiv und lässt Rückschlüsse auf das Selbstbild der FK treffen. Durch diese Frage will der Forscher weitere Informationen über die FK zur Komplettierung des FK–MA-Bildes herausfinden. Zirkularität stellt sich grundsätzlich der Herausforderung, dass sie auch bei multiperspektivischen Betrachtungen nur aus dem Geist eines Individuums entstammt. In diesem Fall wird die FK gebeten, Einschätzungen über sich selbst aus der Perspektive der MA abzugeben. Diese Einschätzungen müssen keineswegs der Realität entsprechen, sondern sind Teil der

[82] Was ist Ihnen an Ihren Mitarbeitern besonders wichtig?/ Welche Erwartungen haben Sie als Führungskraft an Ihre Mitarbeiter?

Wirklichkeit der FK, bzw. der eigenen subjektiven Führungstheorie. Um den häufigen Wechsel zwischen den Perspektiven zu erleichtern, wird der Proband bei der Frage: „Wie würden Sie (NAME) Ihren Führungsstil beschreiben?“ mit dem Nachnamen angesprochen.

Folgende drei Fragen wurden im Kapitel Operationalisierung (3.2.2) der Methodik schon beschrieben. Allerdings muss bzgl. des Ablaufs noch erwähnt werden, dass auf die Frage nach einem besonders guten/ besonders schlechten Erlebnis jeweils noch zwei darauf folgende Fragen gestellt werden (siehe Anhang 3). Es wäre wünschenswert, dass von jeweils mindestens zwei Erlebnissen berichtet würde, um Muster und Parallelen in den Prozessen, wie es zu den besonders guten/ besonders schlechten Erlebnissen kam, ableiten zu können. Es folgt wieder eine zirkuläre Frage, die auf noch bisher nicht genannte Informationen oder die Relativierung/ Verschärfung der genannten Informationen abzielt.

Daran schließt sich die provokante-‚HSP-Situation‘ an, welche nun dezidiert erläutert wird. Der Forscher ist sich der Subjektivität und der Schwierigkeit der trennscharfen Reizung der genannten Indikatoren allgemein und insbesondere in dieser Zusammenstellung bewusst, daher dient die Erläuterung ausschließlich zur Vollständigkeit der Nachvollziehbarkeit der Itemgenerierung:

- *Stellen Sie sich vor, ein Teil Ihrer MA bittet Sie um ein Gespräch im Rahmen einer Teamsitzung...*

Mit diesem Satz wird die Situation eingeleitet. Die FK ist unvorbereitet und wird mit einer ungewöhnlichen Ausgangslage konfrontiert, die durch die MA hervorgerufen wurde. Es sind nicht alle MA beteiligt.

➔ Intendierte Indikatoren: Sinnieren, Mutmaßen, Nervosität.

- *Die Mitarbeiter wirken unruhig...*

Noch wird die Situation wertneutral beschrieben, allerdings wird die Labilität des Zustands verstärkt. Die FK greift wahrscheinlich auf Erfahrungen zurück, die ähnlich waren.

➔ Intendierte Indikatoren: Sinnieren, Mutmaßen, Nervosität.

- *Ihnen sind auf dem Weg in den Raum der Lärm von den Straßenbauarbeiten und das flackernde Deckenlicht aufgefallen...*

Es werden zu der Zuspitzung der sozialen Situation noch störende Umwelteinflüsse erwähnt, um die Unruhe zu steigern und ein Bild vor dem inneren Auge zu erzeugen.

➔ Intendierte Indikatoren: Konzentrationsstörung, physische Äußerung, Aufmerksamkeit, subtile Verhaltenssignale.

- *Sie sitzen mit Ihren MA am Tisch und der Rädelsführer beginnt Ihnen mitzuteilen...*

An die soziale Interaktion wird wieder angeschlossen. Der Rädelsführer wird nicht näher beschrieben, um der FK die Möglichkeit zu geben, sich selbst eine Vorstellung darüber zu bilden, bzw. eigene Erfahrungen abzurufen.

- *dass sie mit Ihrem Führungsstil nicht einverstanden sind...*

Die FK wird nun offen vor den MA kritisiert.

➔ Intendierte Indikatoren: Tiefe Gefühle, Vermeidungsverhalten, Emotionale Reaktivität.

- *kurz danach kommt Ihr nächster Vorgesetzter/ ein wichtiger Kunde um die Ecke...*

Weitere Entscheidungsträger/ Autoritäten, je nachdem ob die FK einen weiteren Vorgesetzten hat, erfahren von der Situation. Dadurch wird der Handlungsdruck auf die FK erhöht, auch unter Beobachtung wichtiger Entscheidungsträger die Situation zu lösen.

➔ Intendierte Indikatoren: zu den bisher genannten kommt durch den Entscheidungsträger noch das eigene Pflichtgefühl hinzu.

- *Eins kommt zum anderen...*

Es wird durch diese umgangssprachliche Formulierung Handlungsdruck aufgebaut. Dass eine Reaktion erfolgen sollte, wird nun vorausgesetzt. Die FK erhält nun die Möglichkeit auf die Situation ad hoc zu reagieren.

Die darauf folgenden Items sind in ihrer Reihenfolge unklarer ihren Dimensionen zuzuordnen. Es wird hier auch deutlich, dass Antworten zum Führungsverhalten auch gleichzeitig Antworten zum typischen Verhalten von HSPs inkludieren können. Nachdem die FK auf die Situation in dem genannten Moment reagieren sollte, wird ihr nun die Möglichkeit gegeben, die Situation bzw. die dazugehörigen Gedankengänge in Ruhe zu analysieren und zu schildern. Der Forscher äußert ebenfalls sein Interesse an den Emotionen der Probanden und wie sie sich, evtl. auch physisch, äußern. Vor allem die innere ‚Gefühlswelt' und die damit verbundene Artikulation sind ebenfalls von Interesse. Es werden nun Fragen aus den Kategorien des typischen HSP-Verhaltens gestellt, um u.a. Informationen über die jeweilige Reizung zu erhalten. Da ein relativ großer Zeitraum am Ende des Interviews einer Problemorientierung gewidmet wurde, plant der Interviewer Zeit ein, mit dem Probanden bei Bedarf aus einer Metaperspektive auf das Interview und dem damit Erlebten zu schauen und den Probanden ggf. emotional ‚aufzufangen'. Hierbei werden noch Fragen gestellt, die darauf abzielen herauszufinden, ob es aktuell bzgl. des Interviews noch etwas gibt, was die Probanden emotional und/ oder inhaltlich beschäftigt.

3.3. Beschreibung der Stichprobe

In dieser qualitativen Querschnittsstudie nimmt die Auswahl der Stichprobe einen großen zeitlichen Raum ein. Die Teilnahme von HSFK und der entsprechenden Kontrollgruppe ist für den Erfolg der Durchführung dieser Studie essentiell. Daher bedarf es intensiver Vorbereitung auf das Auswahlverfahren und Nachbereitung der relevanten Daten.

3.3.1. Rahmenbedingungen

Der Forscher konnte bei der Akquirierung der Stichprobe auf keine unterstützenden eigenen Strukturen zurückgreifen, wie eine Organisation oder einen Arbeitgeber. Es bestand auch zu den bestehenden Netzwerken, in denen sich HSPs organisieren, keine Verbindung. Die Hauptaufgabe, welche auch die größte Herausforderung dieser Studie darstellt, war es, die Stichprobe über die *Gatekeeper* (vgl. Mayer, 2013, S. 46)

‚kalt‘ zu akquirieren. Es mussten diesbezüglich mit erheblichem Zeitaufwand sehr viel persönliche Überzeugungsarbeit geleistet werden.

3.3.2. Auswahlverfahren

Im Rahmen des Auswahlverfahrens mussten zum einen hochsensible Führungskräfte und nicht-hochsensible Führungskräfte über verschiedene, der Stichprobe angepassten Herangehensweisen gefunden werden. Dabei stand eine gleichmäßige Verteilung der Geschlechter, wie auch der jeweiligen Branchen im Fokus.

Auswahlverfahren für HSFK

Die sozialen Medien, Netzwerke und das Internet ermöglichen das Auffinden spezieller Stichproben relativ unkompliziert, da sich die Zielgruppe durch verschiedene Gruppen (HSP) selbst organisiert, so auch in diesem Fall. Es existieren Gruppen im sozialen Netzwerk Facebook[83] zum Thema HSP mit über 8.000 Mitgliedern, die über ihre Herausforderungen und Probleme über dieses Medium diskutieren. Zusätzlich organisieren sich HSPs u.a. über Vereine, Verbände, Selbsthilfekontaktstellen, Institute, wissenschaftliche Netzwerke und Forschungsverbände, welche über das Internet ausfindig gemacht werden können. Zu einigen der genannten Netzwerke wurde Kontakt aufgenommen. Eine besondere Herausforderung war es, die „Gatekeeper“ (Mayer, 2013, S. 46) zu den jeweiligen Netzwerken von der Studie und Weiterleitung der Nachricht zu überzeugen. Es wurden acht Institute, welche sich auf die (wissenschaftliche) Erschließung des Phänomens spezialisiert haben, kontaktiert. Ebenso wurden sechs Personen angeschrieben, die auf sich durch verschiedene HSP-relevante Publikationen aufmerksam gemacht haben. Des Weiteren wurden drei Selbsthilfegruppen kontaktiert, die sich um die Belange von HSPs kümmern. Auf zwei Internetseiten wurde der Aufruf öffentlich geschalten. Es wurden alle höflich darum gebeten die Anfrage auf ihrer Internetpräsenz zu veröffentlichen, über einen Mailverteiler weiterzuleiten oder direkt passende Probanden anzusprechen.

---

[83] vgl. https://www.facebook.com/groups/184050038305301/?fref=ts [Stand: 13.10.14]

Es ist schwer abschätzbar, wie groß der Personenkreis ist, der darüber erreicht werden konnte. Allein die Internetseite www.hochsensibel.org, auf welcher ein Aufruf zur Teilnahme an der Studie über sechs Monate geschaltet war, wird laut Betreiber täglich 500 Mal besucht. Es wird vermutet, dass eine gewisse Anzahl von Personen die Nachricht mehrfach erreicht hat und die Internetseiten mehrmals täglich anschaut. Der erreichte Personenkreis sowie die Grundgesamtheit können allerdings nur vage geschätzt werden, daher kann dazu keine Angabe abgegeben werden. Als geographische Eingrenzung der Stichprobe gelten Deutschland, Österreich und die Schweiz. Durch diese Nachricht, welche per Email und Facebook versendet wurde, wurden Führungskräfte (HSP) gesucht, die sich zum Forschungsthema interviewen lassen möchten. Es werden somit gezielt Personengruppen angesprochen, die von sich annehmen HSPs zu sein.

Auf die Anfragen meldeten sich insgesamt 22 Personen. Vier davon verstanden ihre berufliche Aktivität als Coach als Führungstätigkeit und konnten aufgrund dieses definitorischen Hindernisses nicht an der Studie teilnehmen (vgl. Schnell, et al., 2005, S. 307). Weitere vier bekundeten ihr Interesse, reagierten allerdings nicht auf weitere Kontaktversuche und konnten somit nicht befragt werden. Nach dem Ausfüllen der HSP-Skala mussten zwei weitere Probanden aussortiert werden, da sie nicht die notwendige Punktzahl erreichten. Eine weitere Person war danach nicht mehr erreichbar. Während eines Interviews musste festgestellt werden, dass ein Proband im Sinne der Definition keine Führungskraft ist. Das Interview wurde seitens des Interviewers abgebrochen und das Ergebnis des Onlinefragebogens nicht in die Auswertung mit einbezogen. Zuletzt konnte ein Interview nicht verwertet werden, da trotz Anonymisierung der Proband ein zu markantes Profil hat und ohne viel Aufwand seitens Dritter Rückschlüsse auf seine Person gezogen werden können. Es bleiben neun verwertbare Interviews und Online-Fragebögen.

Auswahlverfahren für die Kontrollgruppe

Erst nachdem die Interviews mit den neun HSFK geführt wurden, konnten die gewonnenen Daten verwendet werden, um in relativ kurzer Zeit eine möglichst passende Parallelgruppe zu akquirieren. Dabei standen vor allem die gleichmäßige Geschlechterverteilung, berufliche Tätigkeit und die Branche der Probanden im Vordergrund. Durch ein Schneeballsystem, welches über verschiedene Kanäle (Skype, SMS, Telefon, Email) im persönlichen Netzwerk des Forschers gestartet wurde, konnten elf Führungskräfte erreicht werden, welche in etwa den Selbstbeschreibungen der Merkmale der HSFK entsprachen. Zwei dieser non-HSFK reagierten nicht auf Kontaktversuche und eine FK verweigerte das Interview (vgl. ebd., S. 312f). Die Kontrollgruppe sollte im Voraus nicht auf das Phänomen sensibilisiert werden, daher fand keine intensive Auswahldiagnostik statt. Angelehnt an die HSP-Skala konnte allerdings in einem subtilen Vorgespräch ausgeschlossen werden, dass die Probanden der Kontrollgruppe das Phänomen kannten und darauf schon sensibilisiert waren. Der Forscher gibt zu bedenken, dass es in dieser Arbeit nicht Aufgabe ist möglicherweise lebensverändernde Diagnosen im Rahmen einer solchen Arbeit zu stellen. Aron (2014) schlägt vor eine solche stichhaltige Diagnose nur im Zusammenhang mit einer längeren Begleitung von Klienten, z.B. bei einer Therapie oder Beratung, bei Bedarf zu stellen. Aus terminlichen Gründen (Urlaub, Dienstreisen etc.) musste von der Idealplanung abgewichen werden, d.h. Interviews mit Mitgliedern der Kontrollgruppe wurden teilweise vor den Interviews mit der Gruppe der HSFK geführt. Dies wurde allerdings nur dann gemacht, wenn der Forscher schon Parallelisierungsparameter der jeweiligen HSFK durch ein Vorgespräch oder Emailkorrespondenz aufgenommen hatte, um die jeweiligen Merkmale zu ‚matchen'.

Es konnten acht verwertbare Interviews durchgeführt werden. Die Kontrollgruppe erfuhr erst nach dem Interview davon, um welchen Forschungsinhalt es sich in der Studie exakt handelt und wurde danach (fünf Tage später) darum gebeten, ebenfalls den Online-Fragebogen auszufüllen. Die Links zum Online-Fragebogen wurden per Email und Skype versandt. Alle interviewten Probanden füllten die HSP-Skala vollständig aus und sind laut dieser Skala als nicht-hochsensibel einzuordnen, erfüllen somit die Studienvoraussetzung.

3.4. Datenerhebung

Dieses Kapitel schließt als erstes Unterkapitel die Voruntersuchung mit ein. Hier wird dargestellt, wie die Erhebungsinstrumente getestet und welche Veränderungen danach vorgenommen wurden. Darauf folgt die Beschreibung der Durchführung der eigentlichen Studie, d.h. die Beantwortung der Frage: Wie wurden die Daten erhoben? Daran schließt sich die Datenerfassung an, in der beschrieben wird, wie die erhobenen Daten zur Auswertung vorbereitet werden.

3.4.1. Voruntersuchung

Nach Generierung des Gesprächsleitfadens soll eine Voruntersuchung[84] mit einer ‚normalen' FK und einer HSFK aus dem Bekanntenkreis durchgeführt werden.[85] Da sie selbst von der Fragestellung betroffen sind, können sie einen konstruktiven Einblick darin geben, welche Fragen rein inhaltlich gestellt werden können und welche förderlich für den Gesprächsverlauf sind, bzw. welche Fragen zu welchen Gedankengängen beim Probanden führen. Die Probanden sind durch ihre akademische Vorbildung methodenkompetent. Es soll der verstandene Sinn der jeweiligen Fragen herausgefunden werden. Dazu wird die qualitative Methode des ‚frame of reference probing'-Interviews angewendet. Hierzu werden die Probanden des Pretests/ Preinterviews aufgefordert zu beschreiben, was sie bei der jeweiligen Frage dachten, bzw. was sie zu einer Antwort verleitete und sollen diese laut äußern (vgl. Schnell, et al., 2005, S. 348f). Mehr Gewicht wird darauf gelegt, methodische Probleme des Interviews schon im Voraus zu vermeiden (vgl. ebd., S. 353ff). Das erste Interview hatte für den Interviewer den Schwerpunkt ein Gefühl für die Fragen, die darauf gegebenen Antworten und vor allem die Betonung der Fragen zu entwickeln. Im zweiten Interview wurden erste Revisionen aus dem ersten Interview umgesetzt und die Übergänge zu

---

84 Interviewlänge HSFK ( ): 01:30:10/ non-HSFK ( ): 00:52:44

85 Der Pretest für die HSP-Skala wurde mit weniger Aufwand durchgeführt. Ein Test-Proband wurde gebeten den Onlinefragebogen nach bestem Gewissen auszufüllen und sich dabei Notizen zu machen, ob im Itemablauf Unregelmäßigkeiten festgestellt wurden oder Fragen unverständlich sind. Seitens des Probanden gab es keine Anmerkungen, die eine Überarbeitung rechtfertigen würden.

den verschiedenen Frageblöcken und Rückfragen geübt. Die Interviews der Voruntersuchung fließen nicht in den Datensatz der Erhebung mit ein. Während des Pretests wurde die verwendete Technik, die im folgenden Kapitel beschrieben wird, erfolgreich getestet.

Nach den Voruntersuchungen wurden noch einige Veränderungen bei dem Interviewleitfaden vorgenommen. Grundsätzlich fiel auf und wurde seitens der Pretest-Probanden angemerkt, dass durch die Fragen eine Art Setting hervorgerufen werden könnte, wie man es bspw. in Assessment Centern während Bewerbungsprozessen erfährt. In diesen Kontexten würden teilweise ähnliche Fragen gestellt. Darum wird seitens des Interviewers darauf geachtet, eine entspannte Unterhaltungsatmosphäre zu schaffen, in der das Interview durchgeführt wird. Dazu zählt u.a. auch der Hinweis, dass es keine falschen Antworten gibt, sondern jegliche Information von Interesse ist. Des Weiteren wurde berichtet, dass durch die Itemreihenfolge und die Kontexte der jeweiligen Fragen- bzw. Themenblöcke, eine emotionale Zuspitzung in der provokanten-‚HSP-Situation' hervorgerufen wurde. Zum einen wurde dies dadurch beschrieben, dass den Probanden das erste Mal einige Fragen gestellt wurden, die in ihnen Reflexionsprozesse anstießen und zum anderen durch die berichtete Problemfixierung. Der Forscher entschied sich dies beizubehalten und weitere Items einzubauen, welche auf die Gefühlswelt und inneren Prozesse abzielen. Zusätzlich nimmt sich der Forscher am Ende des Interviews noch Zeit, das Gespräch langsam und vorsichtig ausschleichen zu lassen und die Probanden mit ihren Gedanken und der Problemzentrierung nicht alleine zu lassen. In diesem Zusammenhang wird den Probanden noch ein Nachgespräch angeboten, in dem sie bei Interesse Fragen stellen oder sich mitteilen können.

Seitens der Fragen wurden kleine Änderungen vorgenommen. Als hilfreich erwies sich in der Eisbrecherfrage, die Wörter ‚markanteste Stationen' einzufügen. Dadurch konnten die Informationen der Berufslaufbahnen auf die ‚markantesten Stationen' verringert werden. Die Probanden zeigten Schwierigkeiten darin ad hoc Eigenschaften von Verhaltensweisen zu unterscheiden und neigten dazu, die Antworten zu wiederholen. Ebenfalls neigten die Probanden bei der Frage nach nicht idealen Eigenschaften dazu, die Antworten auf die vorherigen Frage (bspw. ‚motiviert‘) aufzunehmen und zu negieren (bspw. ‚nicht motiviert‘). Um diese fehlende Trennschärfe zu vermeiden und die Fragen zu entzerren, wurden die Fragen zu Verhaltensweisen idealer Führungskräfte umgestellt, so dass nach Beispielen für Verhaltensweisen gefragt wird. Zudem wurde durch die Umformulierung der Fragen und eine direktere Ansprache mehr Verbindlichkeit und Individualität von den Probanden abverlangt (von: ‚wären ihr zuzuschreiben‘; zu: ‚würden Sie ihr zuschreiben‘). Ähnlich zeichnet es sich in den Personenschemata bei den Mitarbeiter-Fragen ab.

Aus den Rückmeldungen der Pretests lässt sich als wichtigster Punkt festhalten, dass das Setting der jeweiligen Interviewsituation, welche ausschließlich verbal erzeugt werden konnte, sowie die Überleitungen in Kombination mit den verschiedenen Items, einen Einfluss auf den Gemütszustand der Probanden hatte. Daher muss sich der Interviewer in den folgenden Interviews bemühen, die gleichen Überleitungen und Settings zu replizieren.

3.4.2. Durchführung

Der Onlinefragebogen[86], welcher mit Unipark[87] generiert wurde, war im Zeitraum zwischen 10.04.2015 bis 17.05.2015 aktiv geschalten. Die Probanden füllten ihn am ehesten zu den Uhrzeiten 6 – 8/ 13 – 15 und 19 – 21 Uhr aus, d.h. vermutlich vor der Arbeit, nach der Arbeit oder in der Mittagspause. Die mittlere Bearbeitungszeit (arithmetisches Mittel) ist 00:07:06. Die Interviews wurden im Zeitraum 23.04.2015 bis 03.05.2015 geführt und dauerten zwischen 00:35:31 und 01:25:42. Der Interviewer führte die Interviews von seinem Büro aus und verwendete dafür die Skype Version 7.4.0.102. Die Gespräche konnten mit der Software[88] MP3 Skype Recorder 3.1 direkt aufgenommen und in das MP3 Format auf der lokalen Festplatte des Forschers gespeichert werden. Es wurden

86 Der Fragebogen war unter folgendem Link erreichbar: http://ww3.unipark.de/uc/dpanetta_FernHochschule_Riedling/9052/

87 Questback EFS 10.6

88 http://voipcallrecording.com/MP3_Skype_Recorder [Stand: 02.05.2015]

neben Interviews, die von Skype zu Skype geführt wurden, auch Interviews von Skype zu Festnetznummern geführt, da nicht jeder Proband über einen Skype-Account verfügte. Die Gesprächsqualität litt dadurch etwas, jedoch fanden keine Unterbrechungen durch Hintergrundgeräusche o.Ä. statt. Es wurde stets auf die Videofunktion bei Skype verzichtet, d.h. es bestand während des gesamten Interviewzeitraums kein visueller Kontakt zu den Probanden und von den Probanden auch nicht zum Interviewer. Hinter der Skype Interview-Methode verbirgt sich auch ein ökonomischer Gedanke, da sich die Wohnorte der Probanden über das gesamte Bundesgebiet erstrecken.

Die Struktur des Gesprächsverlaufs war in jedem Interview gleich. Zu Beginn wurde jedes Mal streng die ‚Anfangssequenz' abgehandelt. Neben weiteren Punkten wurde, nachdem die Anonymisierung der Daten zugesichert wurde, das Einverständnis der Probanden eingeholt, dass der Forscher die gewonnenen Erkenntnisse im Rahmen dieser Studie speichern, bearbeiten, auswerten und publizieren darf. Alle Probanden willigten dem ein. Danach begann das eigentliche Interview (mittlere Sequenz), auf das schon ausgiebig Bezug genommen wurde. Die Schlusssequenz überschneidet sich mit den letzten Items und beginnt mit der Frage „Wie geht es Ihnen jetzt, nach dem Interview?" Zum einen sind die Antworten auf diese Frage inhaltlich relevant für die Studie, zum anderen ist es eine Frage, die darauf abzielt die Probanden aus der Problemzentrierung des letzten Itemblocks abzuholen, evtl. wieder aufzubauen und das Interview auszuschleichen. Es war in einigen Fällen deutlich, dass diese Schlusssequenz für die Probanden wichtig war. Der Forscher trägt nicht nur die Verantwortung für die späteren Ergebnisse, sondern auch für die Art der Erhebung und den Umgang mit den Probanden. Die Teilnahme an den Interviews war freiwillig. Als Dank wurde nach Abschluss des Interviews die Zusendung dieser Arbeit zugesichert.

3.4.3. Erfassung

Die ausschließlich verbalen Inhalte der Interviews wurden mit der Vollversion der Software[89] f4 transkript (f4_2012) transkribiert, in der die

---

89 https://www.audiotranskription.de/f4.htm [Stand: 23.05.2015]

zuvor aufgenommenen MP3s der Interviews leicht eingelesen werden konnten. Das ist die Grundlage für die weitere Analyse. Es wurde nach den Regeln des einfachen Transkriptionssystems sowie der Erweiterung zu den Regeln nach Dresing & Pehl (2013, S. 21ff) transkribiert. Allerdings wurde der Fülllaut ‚ähm' nicht transkribiert. Namen, Städte und andere sensible Informationen wurden mit ‚XXXXX' anonymisiert. Es wurde ausschließlich das Interview selbst transkribiert und auf die Begrüßung sowie das ‚wertschätzende' Abschlussgespräch verzichtet. Die Transkription von 17 Interviews gestaltete sich als eine zeitaufwändige Tätigkeit, da etwa das Sechsfache der Interviewzeit als Bearbeitungszeit aufgebracht wurde. Zur schnelleren Bearbeitung wurde mit dem USB Footswitch Science 2 von audiotranskription.de gearbeitet.

3.5. Datenauswertung

Dieses Kapitel beginnt mit einer kurzen Einleitung in die Qualitative Inhaltsanalyse. Es folgt das Vorgehen des Forschers bei der Auswertung und die computergestützte Auswertung, welche bei der Betrachtung des Auswertungsprozesses als Einheit zu sehen sind. Die ‚Stütze' durch den Computer bzw. ausgereifte Auswertungssoftware ist bei dieser Arbeit untrennbar mit der Auswertung verknüpft und bildet daher den Hauptteil dieses Kapitels.

3.5.1. Qualitative Inhaltsanalyse

Als Auswertungsmethode wird in dieser Arbeit die qualitative Inhaltsanalyse verwendet. In dem Versuch einer Definition will die „[...] Inhaltsanalyse

- *Kommunikation* analysieren.
- *fixierte* Kommunikation analysieren.
- dabei *systematisch* vorgehen.
- dabei also *regelgeleitet* vorgehen.
- dabei auch *theoriegeleitet* vorgehen.
- das Ziel verfolgen, *Rückschlüsse* auf bestimmte Aspekte der Kommunikation zu ziehen.

Da sie dabei nicht nur Inhalte der Kommunikation zum Gegenstand hat, bleibt der Begriff Inhaltsanalyse problematisch; genauer wäre wohl *kategoriengeleitete Textanalyse.*" (Mayring, 2015, S. 13) Die qualitative Inhaltsanalyse wirkt auf die Diskussionen zur Dichotomisierung qualitativer und quantitativer Methoden als *Reductio ad absurdum*, da sie ein hybrider Ansatz ist, der beide Arten im Gesamtprozess in sich vereint und der oft vorgeworfenen Theoriefeindlichkeit qualitativer Methoden entgegenwirkt (vgl. ebd., S. 59f). Die Unterscheidungen, welche durch die Wurzeln beider Ansätze zu erklären sind, lassen sich besonders in den Begrifflichkeiten und im impliziten Wissenschaftsverständnis finden, die in der qualitativen Inhaltsanalyse überwunden werden. Dabei eignet sie sich neben weiteren Funktionen besonders zur Hypothesenfindung, Theoriebildung, für Pilotstudien und Vertiefungen (vgl. ebd., S. 18ff). Es ist Ziel der Auswertung in den Quellen interindividuelle Gemeinsamkeiten zu finden, welche teilweise vorher definiert sind (deduktiv) oder sich durch die Analyse der Einheiten und Passagen ergeben (induktiv). In der Methode der theoriegeleiteten Vorabfestlegung der Kategorien (a priori), welche den Antwortkategorien weitestgehend entsprechen können, ist die Subjektivität im Gegensatz zur a posteriori Kategorienbildung eingeschränkt und weniger auf hohe Subjektivität als auf Vergleichbarkeit ausgerichtet (vgl. Aretz, 2007, S. 192). Der organisatorische Kontext der jeweiligen Quelle (der Befragte im Interview) wird zur Sicherung der Vergleichbarkeit berücksichtigt (vgl. Bohnsack, et al., 2003, S. 58). Die qualitative Inhaltsanalyse findet ihre Grenzen in der Kombination der Techniken zur fragestellungsgerechten Datenerhebung. Auch muss sie der Fragestellung sowie Beschaffenheit und Menge des zu analysierendem Materials angemessen sein (vgl. Mayring, 2015, S. 130f). Da in dieser Studie u.a. der Schwerpunkt auf der Ergründung der subjektiven Führungstheorien und Charakterisierungen liegt und dazu Inteviewtranskripte nach vorgegebenen Kategorien geordnet werden müssen, ist das Auswertungsverfahren der qualitativen Inhaltsanalyse angemessen.

3.5.2. Vorgehen bei der Auswertung

Die verwendeten Techniken innerhalb des Prozesses einer qualitativen Inhaltsanalyse richten sich streng an den jeweiligen Fragestellungen und dem wissenschaftlichen Hintergrund aus. Dem Forscher werden allerdings Freiheiten zugestanden, um der Dynamik des ergebnisoffenen Forschungsprozesses nicht entgegen zu stehen. Dabei lassen sich die verschiedenen Techniken unter drei Grundformen subsummieren: Zusammenfassung, Explikation und Strukturierung. Bei der Strukturierung (deduktive Kategorienanwendung, jedoch in diesem Fall mit induktiven Elementen), welche für diese Auswertung relevant ist, ist es Ziel „[...] bestimmte Aspekte aus dem Material herauszufiltern, unter vorher festgelegten Ordnungskriterien einen Querschnitt durch das Material zu legen oder das Material aufgrund bestimmter Kriterien einzuschätzen." (Ebd., S. 67)

Um einen nachvollziehbaren Ablauf zu gewährleisten, orientierte sich der Forscher in der vorliegenden Auswertung an dem Ablaufmodell der *strukturierenden Inhaltsanalyse* als Grundgerüst und der *inhaltlichen Strukturierung* als Spezialisierung, welche sich nach den Regeln der Zusammenfassung richtet (vgl. Mayring, 2015, S. 98ff). Als Voraussetzung dafür wurde unter Zuhilfenahme der vier Forschungsfragen, der Operationalisierung und relevanter Literatur, ein Kodierleitfaden entwickelt. Dieser gliedert sich:

- in die Kategorie (Indikator),
- die Definition, welche litaraturbasiert oder der interpretativen Freiheit des Forschers entstammt,
- in Ankerbeispiele, welche aus den ersten Materialsichtungen (Transkription) entnommen wurden
- und die jeweilige Kodierregel.

3.5.3. Computergestützte Auswertung

Für eine vereinfachte Bearbeitung der qualitativen Inhaltsanalyse bietet es sich an, eine der vielen Bearbeitungssoftwares zu verwenden. Der

Forscher testete die beta-Version von f4analyse[90], das browserbasierende QCAmap[91] und die Vollversion (Studentenlizenz) von MAXQDA 11 (Version 11.1.0)[92].

Der Kodierleitfaden wurde als Codesystem in MAXQDA editiert. Das Codesystem bildet die Grundlage für die Extraktion relevanten Materials. Nach dem Materialdurchlauf der ersten fünf Dokumente (B1, B2, B3, B5, B4) wurde der Kodierleitfaden an einigen Stellen überarbeitet. Es wurde in der Kategorie *Merkmale* der Indikator ‚Veränderung durch hsps/markanter Einfluss' aufgrund wiederholter Nennungen hinzugefügt. In der Kategorie *Personenschemata* wurde der Indikator ‚Mitarbeiterbild' in ‚Wünsche der FK an die MA' und ‚Wünsche der MA an die FK' für eine trennschärfere Erfassung unterteilt. Auch in der Kategorie *Critical Incidents* wurden für das jeweilige Verhalten auf ein besonders gutes oder besonders schlechtes Erlebnis noch zwei Indikatoren hinzugefügt. Nach dem ersten kompletten Materialdurchlauf fiel dem Forscher auf, dass es in der Gruppe der HSFK innerhalb der relevanten Kategorien kein einziges Coding zu einem positiven Gefühl vergeben wurde. Um diese Vermutung zu bestätigen und eine Ergebnisverzerrung durch einen subtilen Versuchsleitereffekt (Ergebniserwartung) auszuschließen, wurde das gesamte Material nochmal überprüft. Die Vermutung wurde bestätigt, es wurde kein entsprechendes Coding gefunden.

Die spezielle qualitative Technik der inhaltlichen Strukturierung inkludiert das datenreduzierende Verfahren der Zusammenfassung, welches sich in einen aufeinanderfolgenden Dreiklang von Paraphrasieren, Generalisierung und Reduktion der Daten gliedert (vgl. ebd., S. 72). In diesem Prozess wurden die Daten von der jeweiligen befrag-

---

90 http://www.audiotranskription.de/f4-analyse [Stand: 25.05.2015]
91 http://www.qualitative-content-analysis.aau.at/software/ [Stand: 25.05.2015]
92 http://www.maxqda.de/produkte/maxqda [Stand: 26.05.2015]

ten Person und der Zeitmarke[93]/ Absatz gelöst und nach Aussagen zusammengefasst.

Das Datenmaterial wurde durch die Codierung aufgebrochen und die Inhalte indikatorenzentriert neu geordnet. Dieses Verfahren lässt es zu, dass bspw. eine Aussage von verschiedenen Codes belegt werden kann. Der Forscher entschloss sich aufgrund der großen Datenmenge und zugunsten einer gesteigerten Auswertungsdynamik, den Zusammenfassungsprozess von der klassischen Durchnummerierung des Paraphrasierens zu lösen. Der Interviewaufbau, welcher sich entgegen des geplanten Vorgehens streng an den Interviewleitfaden und somit an die Operationalisierung hält, führt eine klassische qualitative Inhaltsanalyse ad absurdum, da die enge Verknüpfung zwischen Forschungsfragen und Interviewleitfaden einer kategorischen Loslösung im Auswertungsprozess weitgehend entgegen steht. In diesem Fall hätte ein strenger Zusammenfassungsprozess mit dieser Datenmenge sich selbst behindert und dem verstehenden, dynamischen Charakter der qualitativen Inhaltsanalyse nicht gerecht werden können. Eine Datenaggregation, möglichst ohne Kontextverlust, stellte auch in dieser Arbeit die größte Herausforderung der qualitativen Inhaltsanalyse dar.

In dieser Studie wurden vier verschiedene Dimensionen betrachtet. Aufgrund definitorischer Voraussetzungen der Dimensionen und der dazugehörigen Kategorien sind Strukturen und Inhalte evtl. interkategorisch nicht vergleichbar.[94]

Aufgrund der Diversität dieser Daten wurde nicht der Anspruch erhoben eine kategorienübergreifende Datenreplikation bzw. Bündelung durchzuführen. Es hätten kontextuelle und definitorische Abstriche gemacht werden müssen.

---

93 Die Zeitmarken in den Transkripten werden von MAXQDA nicht übernommen, allerdings durch Absätze ersetzt, um Textstellen wiederzufinden.

94 Bspw. ‚Verständnis von Führung' und ‚Reaktion in dem Moment'

Um die Vorteile der strukturellen Inhaltsanalyse mit den Eigenheiten des bearbeiteten Datenmaterials zu verbinden, wurde die Datenreplikation jeweils auf Indikatorenebene durchgeführt.

In der praktischen Umsetzung wirkte sich das so aus, dass nicht das Paraphrasieren im Fokus der Auswertung stand, sondern Begriffe und Sätze, welche inhaltlich so reduziert wurden, dass sie für die jeweilige Gruppe kontextuell stimmig sind, ohne das Ausgangsmaterial zu verfälschen. „Es ist wohl klar geworden, dass die qualitative Inhaltsanalyse keine feststehende Technik ist, sondern von vielen Festlegungen und Entscheidungen des grundsätzlichen Vorgehens und einzelner Analyseschritte durchwachsen ist. [...] Inhaltliche Argumente sollten in der qualitativen Inhaltsanalyse immer Vorrang vor Verfahrensargumenten haben; Validität geht vor Reliabilität." (Ebd., S. 52f)

Nach der ersten Materialreduzierung[95] wurde die komplette Extraktion nochmal überarbeitet, da einige Indikatoren, trotz eindeutiger Kodierregeln, wenig trennscharf voneinander codiert wurden. Das betrifft die Indikatoren ‚Vermittlung von Veränderungen' und ‚subtile Verhaltenssignale' sowie die vier Indikatoren ‚Emotionale Reaktivität', ‚Physische Äußerung', ‚Vermeidungsverhalten' und ‚tiefere Gefühle'. Ein weiteres Mal wurde das komplette Material (ab Schritt 5) gesichtet, nachdem aufgrund der intensiven Datenanalyse Änderungen im Kodierleitfaden vorgenommen wurden. Konkret wurden Ergänzungen in den Kodierregeln der Indikatoren ‚Konzentrationsstörung'[96] und ‚Vermeidungsverhalten'[97] durchgeführt. Während der Materialsichtungen wurde stets rücküberprüft, ob die Reduktionen das Ausgangsmaterial noch repräsentieren. Die Datensätze (HSFK/ non-HSFK) wurden bis einschließlich diesem Arbeitsschritt getrennt voneinander bearbeitet, d.h. erst der HSFK- und dann der non-HSFK-Datensatz. Bei der zweiten Materialreduzierung wurden die jeweiligen

95 Die Materialreduzierung wurde mit Microsoft Word 2010 durchgeführt.

96 Zudem wenn direkt oder indirekt von Konzentrationsschwierigkeiten berichtet wird.

97 Zudem Berichte darüber, wie und dass die Probanden vermeiden, dass jemand anderes von ihrer Übererregung erfährt.

Daten gegenübergestellt und Streichungen, Bündelungen und Integrationen auch in Hinblick auf die spätere Ergebnisdarstellung vollzogen.

Da aufgrund der Fragestellung eine Individuum-zentrierte Auswertung nicht vorgesehen war, wurden die aggregierten Daten der beiden Gruppen gegenübergestellt, um etwaige Gruppenunterschiede oder Gemeinsamkeiten aufzuzeigen. Besonders relevant für die Auswertung waren mindestens begriffliche Doppelnennungen und auffallende Muster. Bedeutungsgleiche Begriffe, welche inhaltlich auch als Synonyme verwendet werden können, wurden unter ein ‚Schlagwort' kumuliert. Der Begriff wurde daraufhin markiert.[98]

Bei den *Personenschemata* wurden die Generalisierungen der Verhaltensweisen (nicht-) idealer FK in die entsprechenden Eigenschaften integriert, da die Probanden eine sprachliche Unterscheidung von Eigenschaften und Verhaltensweisen nur selten trafen. Zur Bündelung dieser Eigenschaften mit a posteriori-Kategorien, wurde die Testbeschreibung der revidierten Fassung von Ostendorf und Angleitner (vgl. 2004 zitiert aus: Berth & Goldschmidt, 2006, S. 95f) des NEO-Persönlichkeitsinventar nach Costa und McCrae (NEO-PI-R) verwendet. Die Beschreibung der fünf Faktoren[99] sowie die Facetten dienten ausschließlich der übersichtlicheren Zuordnung der Begriffe und erheben keinen Anspruch auf eine wissenschaftliche Persönlichkeitsdiagnostik unter Beachtung aller Gütekriterien. Davon unbeeinflusst bleibt eine kontextbestimmte induktive Kategorienbildung innerhalb der jeweiligen Indikatoren, die gruppenübergreifend sind. Eigenschaftsbeschreibungen eröffnen ohne Einbezug des Kontextes einen erhöhten Interpretationsspielraum. Der Begriff ‚sensibel' könnte als eine Facette im Neurotizismus (ugs.: ‚nah am Wasser gebaut') oder als Verträglichkeit (sensibler Umgang mit MA) gedeutet werden. Der Forscher hat sich bei Begriffen mit Interpretationsspielraum stets am Rohmaterial (Transkripte) rück-

---

98 Einfachnennungen: normal; Zweifachnennungen: **fett**; Dreifachnennungen: ***fett-kursiv***; Vierfachnennung: Begriff zweimal **fett, fett**; Begriffe mit Sinnzusammenhang: *kursiv* und ohne Absatz

99 Neurotizismus (N), Extraversion (E), Offenheit für Erfahrungen (O), Verträglichkeit (A), Gewissenhaftigkeit (C)

versichert, um die jeweilige Bedeutung auch im Reduktionsprozess weiterzutragen. Die Indikatoren ‚Eigenschaften (Verhaltensweisen) nicht-idealer MA' und ‚Merkmale nicht-idealer MA' luden dazu ein Negierungen idealer Eigenschaften aufzuzählen, welche ebenfalls unter den Dimensionen des NEO-PI-R (ebd.) kumuliert wurden.

4. Ergebnisse

Im folgenden Kapitel werden die Ergebnisse dieser Arbeit deskriptiv dargestellt. Begonnen wird dabei mit den Häufigkeitsverteilungen der Stichprobe und der Darstellung der gewonnenen Daten der Onlineumfrage. Darauf folgt die Ergebnisdarstellung der vier Dimensionen mit den dazugehörigen Kategorien und Indikatoren. Dabei werden ausschließlich die Gruppen (HSFK; non-HSFK) miteinander verglichen und keine Einzelpersonen. Es werden bei der Struktur jedes Teilkapitels erst die Ergebnisse der HSFK und danach die der non-HSFK vorgestellt. Am Anfang jedes Dimensionskapitels werden die Häufigkeitsverteilungen der verschiedenen Kategorien innerhalb der Dimension tabellarisch dargestellt. In den Unterkapiteln werden die jeweiligen Indikatorenergebnisse anhand der a posteriori-Kategorien ebenfalls tabellarisch dargestellt. Erwähnt werden vor allem erkannte Muster und Aussagen, die mindestens zwei Mal innerhalb der jeweiligen Gruppe getätigt wurden, um so später auf Gemeinsamkeiten schließen zu können. Komplettiert werden diese Unterkapitel, die den Schwerpunkt des Ergebnisteils bilden, durch Überschneidungen von Indikatoren mit anderen Indikatoren, die durch die *Code-Relation-Browser*[100] Funktion von MAXQDA extrahiert wurden. Es werden aus Gründen der Übersichtlichkeit nur Überschneidungen erwähnt, die mindestens zwei Kodierungen betreffen. Die Reihenfolge der Ergebnisdarstellung entspricht der Reihenfolge der Items des Interviewleitfadens. Sie wurde so gewählt um etwaige Effekte durch den Interviewverlauf erkennen zu können.

4.1. Stichprobe

Zur Beantwortung der vier Fragestellungen wurden ein Onlinefragebogen sowie ein Interviewleitfaden generiert und mit diesen Erhebungsinstrumenten Daten erhoben, welche Grundlage dieser Ergebnisdarstellung sind. Die HSP-Skala wurde insgesamt 24 Mal ausgefüllt. Allerdings

---

[100] Art der Analyse: Überschneidung von Codes
Einheit der Analyse: Segmente

flossen in die Berechnung von Cronbach's Alpha zu Überprüfung der internen Konsistenz 22 Datensätze ein, da der Forscher selbst zu Testzwecken den Fragebogen zweimal ausfüllte. Zu den Datensätzen zählen noch die Fragebögen der Interviewverweigerer, der Personen, welche aus der Stichprobe aussortiert werden mussten (siehe Kapitel 3.3.2.) und der Datensatz eines Testprobanden. Die HSP-Skala weist ein Cronbach's Alpha[101] von 0.91 auf. „Alpha kann Werte zwischen Null und Eins annehmen; empirische Werte über 0.8 können als akzeptabel betrachtet werden." (Schnell, et al., 2005, S. 153) Grundlage für die Ergebnisdarstellung sind 17 Datensätze aus der quantitativen Onlinebefragung und den qualitativen halbstandardisierten Interviews. Der Gruppe der HSFK sind neun Personen, wovon vier männlich und fünf weiblich sind, zuzuordnen. Alle von ihnen haben auf der HSP-Skala einen Wert von über 140 von möglichen 189 erreicht und sind dieser Gruppe somit eindeutig zuzuordnen (*M*=156.4, *SD*=12.4). Die Männer erreichen einen Mittelwert von 150.5 (*SD*=10.9) und die Frauen von 161.1 (*SD*=10.8).

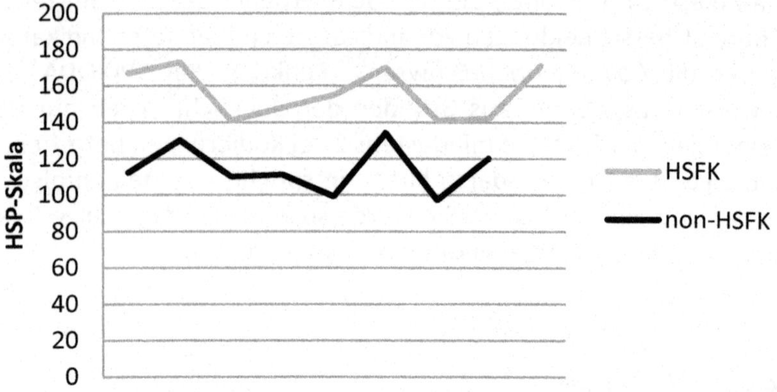

Abbildung 3: Intergruppaler Vergleich auf der HSP-Skala

Der Mittelwert der Altersverteilung dieser Gruppe ist bei 45.4 Jahren (*SD*=7.3). Als Führungskräfte gehen sie den verschiedensten Tätigkei-

[101] Die Berechnung wurde mit Microsoft Excel 2010 durchgeführt.

ten[102] nach, in denen sie im Mittelwert 17.9 (*SD*=13.6) MA direkt zu führen haben. Das machen sie entweder als Unternehmer mit einem eigenen Unternehmen (2x) und insgesamt 12-13 MA[103] oder als leitende Angestellte in Organisationen mit bis zu 900 MA (*M*=257.5, *SD*=270). Dabei haben sie durchschnittlich acht Jahre (*SD*=5.5) Führungserfahrung. Vier von ihnen haben an führungsrelevanten Schulungen teilgenommen.

Indikator	HSFK		Non-HSFK	
	M	**SD**	**M**	**SD**
HSP-Wert	156.4	12.4	114.1	11.7
HSP-Wert Männer	*150.5*	*10.9*	*113.3*	*11.9*
HSP-Wert Frauen	*161.1*	*10.8*	*115*	*10.2*
Alter	45.4	7.3	30.8	3.0
Anzahl MA in Organisation	257.5	270	138.3	192.3
Direkt zu führende MA	17.9	13.6	17.6	10
Führungsspanne	8	5.5	5.8	4.6
Führungsrelevante Schulungen	4		4	
Männer/Frauen	4/5		4/4	
Codings: Männer	48.5	12.8	42.5	12.7
Codings: Frauen	68.4	2.8	44.8	5.6
Codings: Summe	536		349	

Tabelle 2: Intergruppaler Vergleich der Stichprobe

Die Kontrollgruppe (Parallelisierungsgruppe) besteht aus acht Personen, d.h. vier Männern und vier Frauen, welche alle einen HSP-Wert von unter 140 (*M*=114.1, *SD*=11.7) haben. Die männlichen Probanden erreichten einen durchschnittlichen HSP-Wert von 113.3 (*SD*=11.9) und die weiblichen Probanden von 115 (*SD*=10.2). Der Altersdurchschnitt ist 30.8 Jahre (*SD*=3.0). Sie führen im Mittelwert direkt 17.6 MA (*SD*=10), entweder als Unternehmer in geschäftsführender Tätigkeit (5x) oder als leitender Angestellter (3x) in Unternehmen mit drei bis 600 MA

---

102 Eine dezidierte Aufschlüsselung befindet sich im Anhang 7.

103 B14 und B8 durften keine Angaben zur Anzahl der MA in der Organisation tätigen.

(*M*=138.3; *SD*=192.3). Dabei haben sie durchschnittlich 5.8 Jahre (*SD*=4.6) Führungserfahrung. Vier von ihnen nahmen an führungsrelevanten Schulungen teil.

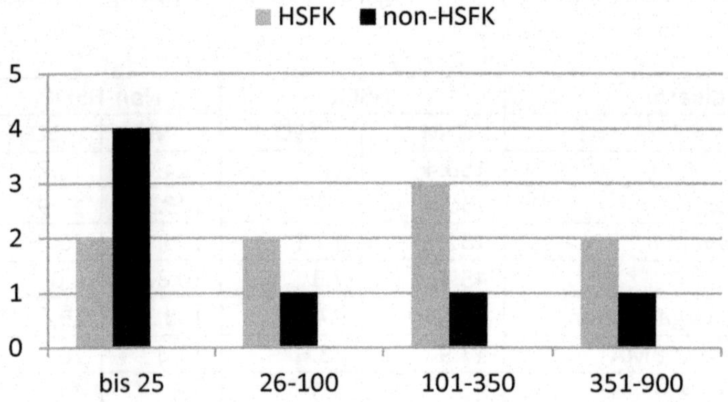

Es wurde im Rahmen der Auswertung in allen 17 Dokumenten insgesamt 885 Mal kodiert, wovon 536 Codings der Gruppe der HSFK und 349 den non-HSFK zuzurechnen sind. Der Mittelwert der Codings bei den HSFK liegt bei 59.5 (*SD*=13.8) und bei den non-HSFK bei 43.6 (*SD*=10.4). Das Codingverhältnis ist somit 1.37 : 1. In der deskriptiven Ergebnisdarstellung werden ergänzend zu den Ergebnissen aus der qualitativen Inhaltsanalyse Vergleiche der Visual-Tool Funktion aus MAXQDA 11 hinzugefügt.

4.2. Ergebnisse: die Merkmale

Dieser Abschnitt schließt sich nahtlos an die Beschreibung der Stichprobe an, da dort schon auf die soziodemographischen und führungsrelevanten Daten eingegangen wurde. Als Besonderheit und Unterscheidung zu den meisten anderen Abschnitten wird hier noch ein Abgleich mit den Regeln aus dem Kodierleitfaden vorgenommen.

Indikator	Häufigkeit der Codings		Verhält-nls	%
	HSFK	non-HSFK		
Veränderung durch hsps/ markanten Einfluss	10	2	5.0 : 1	46.15
Beruflich: Werdegang HSP	9	5	1.8 : 1	53.85
Gesamt		26		100.00

Tabelle 3: [Merkmale] Vergleich der Häufigkeiten der Codings

4.2.1. Werdegang HSP

Bei diesem Indikator wurde in der Anweisung der Kodierregel festgelegt, dass Hinweise zur Bestätigung der Definition kodiert werden sollen (siehe Anhang 5). Seitens der HSFK wurde neun Mal und seitens der non-HSFK fünf Mal kodiert. Aufgrund der Vorabdefinition der Kriterien, konnten drei Suchkategorien festgelegt werden, welche in Folge der Kodierung bestätigt werden sollten. In der Kategorie Organisation innerhalb der Gruppe der HSFK, gab es zwei Bestätigungen von Arbeitsstellen innerhalb gemeinnütziger Einrichtungen. Sechs Bestätigungen gab es bei der ‚HSP-Tätigkeit'. Jeweils zwei von ihnen sind lehrend oder beratend tätig und eine von ihnen kündigte aufgrund der Unvereinbarkeit des Berufs mit den eigenen Werten. Bei den non-HSFK arbeitet ein Proband in einer gemeinnützigen Einrichtung und zwei gehen ‚Werdegang HSP'-relevanten Tätigkeiten nach.

Kategorie	Häufigkeit der Codings		Verhältnis	%
	HSFK	non-HSFK		
Ereignisschema	52	45	1.16 : 1	21.51
Personenschema	114	85	1.34 : 1	44.12
Selbstschema	79	76	1.04 : 1	34.37
Gesamt		451		100.00

Tabelle 4: [subjektive Führungstheorien] Vergleich der Häufigkeiten der Codings

4.2.2. Veränderung durch hsps/ markanten Einfluss

In diesem später hinzugefügten Indikator gibt es seitens der HSFK zehn Codings und in der Gruppe der non-HSFK zwei. Die Kodierungen wurden so weit reduziert, dass bei den HSFK fünf Aussagen übrig blieben, wovon ‚heute anders als früher handeln' drei Mal genannt wurde. Die non-HSFK machten zu diesem Indikator zwei Aussagen.

4.3. Ergebnisse: subjektive Führungstheorien

In diesem Abschnitt steht die deskriptive Analyse der Dimension ‚subjektive Führungstheorien' im Fokus. Es wird zuerst auf den Gesamtabgleich der Häufigkeiten innerhalb der Kategorien eingegangen, bevor darauf folgend innerhalb der Indikatoren auf die jeweiligen a posteriori-Kategorien Bezug genommen wird. Danach folgen die Häufigkeiten pro erwähnter Kategorie und die dominantesten Begriffe dazu, d.h. Begriffe o.Ä., welche von mindestens zwei Probanden der jeweiligen Gruppe verwendet wurden. Für eine Gesamtübersicht über alle kumulierten Daten wird aus Platzgründen auf die Reduktionsstabelle 2 (bei dem Autor einzusehen) verwiesen, aus der die hier vorgestellten Daten extrahiert wurden.

Diese Dimension ist mit insgesamt 451 Codings die inhaltlich Umfassendste. In den daran angeschlossenen Kategorien ist das *Personenschema* die Umfangreichste, gefolgt von dem *Selbstschema* und dann das *Ereignisschema*.

4.3.1. Ereignisschema

Vorstellung über Prinzipien

In der Gruppe der HSFK lassen sich die ‚Vorstellung über Prinzipien' in vier Kategorien[104] einordnen. Ein einmal benanntes Prinzip ist ‚Führung durch Vorbild' und ein weiteres ‚Offenheit', welches zwei Mal angegeben wurde. Besondere Beachtung sollte allerdings der Kategorie ‚Verträglichkeit' zuteilwerden mit insgesamt 20 Begriffen, wovon sechs je-

[104] Kategorien in denen es keine Nennungen gibt, werden folglich nicht erwähnt.

weils zwei Mal erwähnt wurden und somit dominant sind. Dazu zählen ‚Ehrlichkeit', ‚Menschlichkeit', ‚mit MA auf Augenhöhe', ‚Wertschätzung', ‚Teaming' und ‚Gerechtigkeit'. In der Kategorie ‚Gewissenhaftigkeit' wurde ‚Selbstständigkeit fördern' doppelt genannt.

HSFK	Summe[105]	Non-HSFK	Summe
Verträglichkeit	20/14	Verträglichkeit	8/6
Offenheit	2/1	Extraversion	4
Gewissenhaftigkeit	2/1	Vorbild	2/1
Vorbild	1	Motivation	2
		Gewissenhaftigkeit	1

Tabelle 5: Ausprägungen der Vorstellungen über Prinzipien

Die Begriffsverteilung in der Gruppe der non-HSFK bildet in den Kategorien ‚Vorbild' und ‚Gewissenhaftigkeit' die gleichen Prinzipien ab, allerdings in umgekehrter Verteilung. Weiterhin gab es vier Nennungen bei ‚Extraversion' und die meisten (acht) bei ‚Verträglichkeit'. Bei Letztgenanntem sind es die dominanten Prinzipien ‚auf Augenhöhe mit den MA zu sein' und ‚Ehrlichkeit', die jeweils zwei Mal genannt wurden.

Vorstellung über Vorbilder

Beide Gruppen nannten in dieser Kategorie jeweils sechs Vorstellungen. Jeweils drei Mal wurden von beiden Gruppen die Chefs als Vorbilder genannt.

Verständnis von Führung

Dieser Indikator gliedert sich in die drei Kategorien ‚Generell', ‚MA-Bezug' und ‚Metaphern'. In die erste Kategorie sind Begriffe untergeordnet, die ein generelles Leitverständnis der Probanden abbilden. Im ‚MA-Bezug' sammeln sich Begriffe, die sich direkt auf die MA beziehen, d.h. direkt mit dem Umgang der FK mit dem MA zu tun haben. In der dritten Kategorie werden Metaphern für das Führungsverständnis der Probanden gesammelt. Wie aus der Tabelle 6 (siehe unten) ersichtlich ist, gab es in der HSFK-Gruppe eine dreimalige Nennung einer Metapher. Die Vergleiche, welche unter den Begriff ‚Boot' kumuliert wurden,

---

105 Begriffe insgesamt pro Indikator : Begriffe nach Zusammenfassung pro Indikator

lauten: ‚die Leute im Boot haben; Steuermann auf einem Boot; an einem Strang ziehen'.

HSFK	Summe	Non-HSFK	Summe
MA-Bezug	6	MA-Bezug	5
Generell	7	Generell	9/8
Metaphern	5/3	Metaphern	4/3

Tabelle 6: Ausprägung des Verständnisses von Führung

Für die non-HSFK wurde in der Kategorie ‚MA-Bezug' zwei Mal genannt, dass es zu ihrem Verständnis von Führung gehört, die ‚Mitarbeiter bei Laune zu halten'. Unter den Metaphern wurde zwei Mal das Bild des Gehens verwendet: ‚alle gehen in dieselbe Richtung; Vorausgehen'.

4.3.2. Personenschema

Eigenschaften (Verhaltensweisen) idealer Führungskräfte

Neben den schon bekannten Kategorien kommen bei diesem Indikator noch ‚Mental fit, körperlich fit und Motivation' hinzu, die genau diese Eigenschaften abdecken. In der Kategorie ‚Verträglichkeit' wurden die meisten Eigenschaften genannt. Bei den HSFK stellten sich neun Begriffe als dominant heraus. Dazu zählen vor allem der Begriff ‚Empathie', welcher vier Mal verwendet wurde, sowie die Eigenschaften ‚ehrlich' und ‚sensibel' zu sein, die jeweils drei Mal genannt wurden und ‚sozialkompetent', das zwei Mal genannt wurde. Die vier Eigenschaften könnten zu einer Sinneinheit zusammengefasst werden. Es folgen noch die Eigenschaften ‚zuhören können' und ‚wertschätzend sein' sowie ‚realistisch' und ‚authentisch', die jeweils zwei Mal erwähnt wurden. Unter die Kategorie ‚Gewissenhaftigkeit' fallen die folgenden dominanten Nennungen: ‚gelassen', ‚fachkompetent', ‚transparent', ‚fordernd' und ‚zielorientiert'. Die dominanten Eigenschaften (jeweils zwei Mal genannt), welche zur ‚Extraversion' zu zählen sind, lassen sich in zwei Sinneinheiten aufteilen: Zum einen in ‚freundlich und humorvoll' und zum anderen in ‚durchsetzungsvermögend, charismatisch und führend'. Den HSFK ist es ebenfalls wichtig, dass ideale FK offen für Erfahrungen sind, da sie es drei Mal sagten.

HSFK	Summe	Non-HSFK	Summe
Verträglichkeit	25/14	Verträglichkeit	24/17
Gewissenhaftigkeit	17/12	Motivation	8/3
Extraversion	15/10	Offenheit für Erfahrungen	5/2
Offenheit für Erfahrungen	5/4	Extraversion	4
Mental fit	1	Gewissenhaftigkeit	3
		Mental fit	2
		Körperlich fit	1

Tabelle 7: Ausprägungen der Eigenschaften (Verhaltensweisen) idealer Führungskräfte

Die non-HSFK haben ebenfalls die meisten Nennungen innerhalb der ‚Verträglichkeit'. Eine ideale FK soll für sie vor allem (jeweils drei Mal genannt) ‚ehrlich' und ‚vertrauensvoll' sein. Des Weiteren sollte sie ‚sensibel', ‚zielstrebig' und ‚fair' (jeweils zwei Mal genannt) sein. Für sie ist neben den genannten Verträglichkeitsfaktoren auch noch die ‚Motivation' wichtig. Jeweils drei Mal wurde angesprochen, dass ideale FK ‚überzeugend' (mobilisierend) und ‚motivierend' sein sollen und MA mit ihren Ideen und ihrer Euphorie ‚anstecken' (zwei Mal genannt) sollen. Sie sollen aber auch ‚offen sein für Erfahrungen' (zwei Mal erwähnt) und eine ausgeprägte ‚Feedbackfähigkeit' mitbringen, was drei Mal genannt wurde.

Eigenschaften (Verhaltensweisen) nicht-idealer Führungskräfte

In der Gruppe der HSFK sind unter der Kategorie ‚Verträglichkeit' die meisten Eigenschaften nicht-idealer FK kumuliert. Nicht-ideale FK sind demnach ‚illoyal', ‚nicht feinfühlend' (jeweils dreimalige Nennung) und ‚nicht empathiefähig' (2x). Innerhalb der Kategorie ‚Gewissenhaftigkeit' wurde ‚kontrollierend' drei Mal genannt und ‚oberflächlich' zwei Mal. Homogen zeigen sich die Begriffe mit extravertierter Konnotation. Nicht-ideale FK sind laut HSFK besonders ‚überstimmend' (vier Mal genannt) und ‚machthaberisch' (drei Mal genannt). Eine solche FK zeichnet sich auch dadurch aus, dass sie ‚nicht feedbackfähig' (4x) ist, was gegen eine ‚Offenheit für Erfahrungen' spricht. In dieser Gruppe machte ein Proband bei der Beschreibung nicht-idealer FK zwei Erwähnungen, die dem Indikator ‚Eigenes Pflichtgefühl' zuzuordnen sind.[106]

HSFK	Summe	Non-HSFK	Summe
Verträglichkeit	24/19	Verträglichkeit	22/16
Gewissenhaftigkeit	13/10	Extraversion	7/6
Offenheit für Erfahrungen	6/5	Gewissenhaftigkeit	6/5
Extraversion	5/3	Neurotizismus	5/4
Neurotizismus	5	Motivation	3
Männlich	1	Mental fit	1
Motivation	1	Vorbild	1
		Offenheit für Erfahrungen	1

Tabelle 8: Ausprägungen der Eigenschaften nicht-idealer Führungskräfte

In der Gruppe der non-HSFK lassen sich sechs dominante Eigenschaften nicht-idealer FK der Kategorie ‚Verträglichkeit' zuordnen. Dazu gehört, dass eine FK ‚Erfolg nur für sich einheimst', ‚unehrlich', ‚respektlos' und ‚egoistisch' ist; ‚den Kontakt zu den MA verloren' hat und ‚nicht wahrnehmend' ist, d.h. nicht feinfühlig für zwischenmenschliche Herausforderungen. Zwei Mal wurde jeweils ebenfalls gesagt, dass nicht-ideale FK ‚unreflektiert' (Gewissenhaftigkeit) und ‚launisch' sind (Neurotizismus) sowie nicht führen (Extraversion).

Merkmale idealer Mitarbeiter

In diesem Indikator wurden die dominanten Merkmale je Gruppe jeweils maximal zwei Mal erwähnt. Bei den HSFK steht bei der ‚Verträglichkeit' das Team im Fokus. Ein idealer MA sollte ‚teamorientiert', ‚teamfähig' und ‚menschlich' sein. Dazu sollte sie aus der Kategorie ‚Gewissenhaftigkeit' die Merkmale ‚Verantwortung übernehmen', ‚engagiert' und ‚fachkompetent sein' aufweisen. Abgerundet wird das Bild

[106] HSFK_B4: „Beispiele sind, dass ich zu Dingen gezwungen werden sollte zu tun, die über mein eigenes Werteverständnis heraus gehen." (95) „[...]das ist für mich so eine Grenzüberschreitung mit Overruling und/ da geht für mich das Thema Vertrauen verloren, der Kunde hat weniger Vertrauen danach in mich weil 'ich habe das dem Herrn Muster ja schon so oft gesagt, wie kommen sie jetzt'. Und das bringt mich persönlich in einen inneren Wertekonflikt." (99)

durch eine ‚Offenheit für Erfahrungen', die sich in einer ‚Feedbackfähigkeit' äußert. Der ideale MA sollte ebenfalls ‚freundlich' sein und ‚für gute Stimmung sorgen' (Extraversion).

HSFK	Summe	Non-HSFK	Summe
Verträglichkeit	17/14	Gewissenhaftigkeit	9
Gewissenhaftigkeit	10/7	Verträglichkeit	6
Offenheit für Erfahrungen	6/5	Motivation	5/3
Motivation	6/3	Mental fit	4
Extraversion	5/3	Offenheit für Erfahrungen	3/2
Mental fit	3	Extraversion	2
Neurotizismus	1		

Tabelle 9: Ausprägungen der Merkmale idealer Mitarbeiter

Für die non-HSFK soll ein idealer MA ‚motiviert' sein und ‚Spaß an der Arbeit' haben. Zudem soll er, wie auch schon bei der Gruppe der HSFK erwähnt, ‚feedbackfähig' sein.

Merkmale nicht-idealer Mitarbeiter

Auch bei diesem Indikator wurden in der Gruppe der HSFK alle kumulierten Merkmale maximal zwei Mal genannt. Merkmale nicht-idealer FK in der Kategorie ‚Verträglichkeit' sind für HSFK ‚Egozentrismus' und ‚Unehrlichkeit'. Unter ‚Gewissenhaftigkeit' wird ‚nicht fachkompetent' und ‚faul' erwähnt. Zudem sind für HSFK diese MA nicht offen für Erfahrungen, d.h. ‚nicht feedbackfähig' und ‚nicht veränderungsbereit' sowie ‚unfreundlich' (Extraversion).

HSFK	Summe	Non-HSFK	Summe
Verträglichkeit	13/11	Verträglichkeit	15/10
Gewissenhaftigkeit	9/7	Gewissenhaftigkeit	8/5
Neurotizismus	4/3	Motivation	5/4
Offenheit für Erfahrungen	4/2	Mental fit	3
Extraversion	3/2	Neurotizismus	2
Motivation	2	Offenheit für Erfahrungen	2

Tabelle 10: Ausprägungen der Merkmale nicht-idealer Mitarbeiter

Für non-HSFK sind nicht-ideale MA im Sinne der ‚Verträglichkeit', vor allem ‚Einzelkämpfer' (3x), ‚unehrlich', ‚nicht teamfähig' und ‚unflexibel' (je 2x). Auch unter der Kategorie ‚Gewissenhaftigkeit' wurde jeweils zwei Mal genannt, dass diese MA ‚unzuverlässig', ‚unengagiert' und ‚typische *nine to fiver'* sind, d.h., dass sie pünktlich zur Arbeit kommen, pünktlich wieder gehen und nicht mehr arbeiten als vereinbart. Ferner wird ein nicht-idealer MA als ‚unmotiviert' beschreiben.

MA-Bild: Wünsche der Führungskräfte an die Mitarbeiter

HSFK wünschen sich vor allem ‚ehrliche' MA, was sie drei Mal nannten (Verträglichkeit). Zudem nannten sie in der Kategorie ‚Gewissenhaftigkeit' jeweils zwei Mal ‚Fachkompetenz' und ‚Kreativität'. Sie wünschen sich auch ‚Offenheit für Erfahrungen', was sie drei Mal anmerkten. Ferner möchten HSFK, dass ihre MA ‚gern zur Arbeit kommen' (2x).

HSFK	Summe	Non-HSFK	Summe
Verträglichkeit	9/7	Verträglichkeit	9/7
Gewissenhaftigkeit	9/7	Gewissenhaftigkeit	3
Offenheit für Erfahrungen	5/3	Offenheit für Erfahrungen	2
Motivation	2/1	Motivation	2/1
Extraversion	1	Mental fit	1

Tabelle 11: Ausprägung der Wünsche der Führungskräfte an die Mitarbeiter

Die non-HSFK wünschen sich, mit jeweils zweifacher Erwähnung, ‚Teamfähigkeit', ‚Serviceorientierung' (Verträglichkeit) und ‚Motivation'.

MA-Bild: Wünsche der Mitarbeiter an die Führungskraft

Laut der HSFK wünschen sich MA, in der Kategorie ‚Verträglichkeit', von ihrer FK vor allem ‚Wertschätzung' (3x) und dass sie von ihr ‚gesehen werden' (2x), d.h. Aufmerksamkeit bekommen.

HSFK	Summe	Non-HSFK	Summe
Verträglichkeit	13/10	Verträglichkeit	9/7
Extraversion	4	Gewissenhaftigkeit	6/3
Offenheit für Erfahrungen	3	Offenheit für Erfahrungen	5/4
Motivation	3	Extraversion	5
Gewissenhaftigkeit	2	Vorbild	3/2
		Motivation	2
		Mental fit	1

Tabelle 12: Ausprägung der Wünsche der Mitarbeiter an die Führungskräfte

Die non-HSFK geben ebenfalls als meistgenannten Wunsch (4x) ‚Wertschätzung' an. MA wünschen sich laut der non-HSFK und in der Kategorie ‚Gewissenhaftigkeit' ausdrücklich ‚Mitbestimmungsrechte' (3x) und ‚Verantwortungsübertragung' (2x). Es wurde ebenfalls zwei Mal angemerkt, dass sie sich von der FK ‚Offenheit für Erfahrungen' und eine ‚Vorbildfunktion' wünschen.

4.3.3. Selbstschema

Wissen über sich selbst

HSFK erwarten von ihren MA besonders ‚Gewissenhaftigkeit'. Hier nannten sie ‚Verlässlichkeit', ‚Engagement' und ‚Selbstständigkeit' jeweils doppelt. Als Eigenschaft innerhalb der ‚Verträglichkeit' erwarten sie ‚Ehrlichkeit' (3x). ‚Offenheit für Erfahrungen' und ‚Feedbackfähigkeit' wurde jeweils zwei Mal genannt.

HSFK	Summe	Non-HSFK	Summe
Gewissenhaftigkeit	9/6	Gewissenhaftigkeit	6/5
Verträglichkeit	8/6	Verträglichkeit	4/3
Offenheit für Erfahrungen	4/2	Offenheit für Erfahrungen	1
Extraversion	1	Motivation	1
Mental fit	1		

Tabelle 13: Ausprägungen des Wissens über sich selbst

Non-HSFK erwarten von ihren MA ebenfalls ‚Ehrlichkeit' (2x) und dass sie ‚für ihren Job auf privates verzichten' (2x) und in diesem Sinne gewissenhaft für ihr Unternehmen handeln.

Mitarbeiter, der ideal zur Führungskraft passen würde

Alle hier erwähnten Eigenschaften in der Gruppe der HSFK wurden maximal zwei Mal genannt. HSFK beschrieben einen MA, der ideal zu ihnen passt, vor allem durch Eigenschaften der ‚Verträglichkeit'. Ein solcher MA sollte ‚teamfähig' und ‚unterstützend' sein. Dazu sollte er ‚extravertiert', d.h. ‚sympathisch' und ‚humorvoll' sein. Zudem wurde genannt, dass der ideal passende MA ‚kreativ' (mental fit), ‚motiviert', ‚feedbackfähig' (Offenheit) und ‚auf einer Wellenlänge' mit der FK sein soll. Letztgenanntes kommt bei diesem Indikator als neue Kategorie die ‚FK-Ausrichtung‘ hinzu. Sie häuft alle Eigenschaften an, die für den MA die FK als Bezugspunkt vorsieht.

HSFK	Summe	Non-HSFK	Summe
Verträglichkeit	13/11	Gewissenhaftigkeit	11/10
Extraversion	7/5	Verträglichkeit	9/7
Gewissenhaftigkeit	6	Extraversion	5/3
Offenheit für Erfahrungen	4/3	Offenheit für Erfahrungen	5/4
Motivation	4/3	Mental fit	4/2
Mental fit	4/3	FK-Ausrichtung	4
FK-Ausrichtung	4/3	Motivation	1

Tabelle 14: Ausprägungen des Mitarbeiters der ideal zur Führungskraft passen würde

Non-HSFK benannten besonders Begriffe aus dem Bereich der ‚Gewissenhaftigkeit‘. Als einzig kumulierter Begriff wird ‚engagiert‘ genannt. Ein solcher MA soll noch ‚hilfsbereit‘ sein und sich der FK ‚unterwerfen‘ (Verträglichkeit). Als Eigenschaften der ‚Extraversion‘ werden ‚kommunikativ‘ und ‚sympathisch‘ zusammengefasst. Dabei sollen sie auch ‚offen dafür sein Privates preiszugeben‘ (jeweils zwei Mal genannt). Wie auch schon die HSFK, wird auch in dieser Gruppe von einem MA, der ideal zu der FK passen würde, ‚Kreativität‘ (3x) verlangt.

Beschreibung durch Mitarbeiter

Alle erwähnten Beschreibungen innerhalb dieses Indikators wurden maximal zwei Mal genannt. Die Besonderheit dieses Indikators ist, dass neben den positiv konnotierten Begriffen (mit „+“ in der Tabelle), auch negativ Konnotierte (mit „-“ in der Tabelle) in der Beschreibung aufgezählt wurden. Die HSFK werden in der Kategorie ‚Verträglichkeit‘ als ‚fordernd und fördernd‘, ‚kritikfähig‘, ‚unkompliziert‘ und ‚loyal‘ beschrieben. Als einer der vier *negativen* Begriffe wurde ‚ungerecht‘ genannt. Des Weiteren wurde unter der Kategorie ‚Gewissenhaftigkeit‘ zwei Mal angeführt, dass die HSFK ‚ungeduldig‘ seien. Ebenso wurde beschrieben, dass sie ‚freundlich‘ (Extraversion) und ‚aufgeschlossen‘ (Offenheit) seien.

HSFK	Summe	Non-HSFK	Summe
Verträglichkeit	(+)17/13 (-)5/4	Verträglichkeit	(+)11/9 (-)7/5
Gewissenhaftigkeit	(+) 6 (-)5/4	Gewissenhaftigkeit	(+) 7/6 (-)5
Extraversion	5/4	Extraversion	6
Neurotizismus	4	Offenheit für Erfahrungen	3/2
Offenheit für Erfahrungen	2/1	Neurotizismus	1
Motivation	1	Mental fit	1
		Motivation	1

Tabelle 15: Ausprägung der Beschreibung durch Mitarbeiter

Die non-HSFK beschrieben sich aus der Perspektive ihrer MA als ‚fair' und ‚gesprächsbereit', sie ‚versuchen es jedem recht zu machen' (Verträglichkeit). Zudem seien sie ‚fachkompetent' (Gewissenhaftigkeit) und ‚offen'.

Führungsstil

Um die Ordnung der Begriffe nachvollziehen zu können, wird eine kurze Übersicht gegeben, wie zur Erreichung dieses Ergebnisses vorgegangen wurde. Bei der Ordnung der genannten führungsstil-relevanten Begriffe wurden zuerst alle doppelt genannten Worte oder Sätze von den einfach Genannten separiert. Die einfach Genannten wurden daraufhin unter Berücksichtigung der Begriffsbedeutung anhand der Rohdaten auf einen Sinnzusammenhang überprüft. Dabei stellte sich heraus, dass sich pro Gruppe zwei Sinnzusammenhänge bei den einfach genannten Begriffen herstellen lassen. Danach wurden die doppelt genannten Beschreibungen, welche bei beiden Gruppen vorkommen, in die schon bestehenden Ordnungen integriert. Es konnten pro Gruppe jeweils drei Kategorien gebildet werden, die Hinweise auf eine evtl. Führungsstilinterpretation geben.

Die HSFK beschrieben aus ihrer und der Sicht ihrer MA ihren Führungsstil in der Kategorie ‚partnerschaftlich' u.a. als ‚menschlich', ‚transparent' und ‚intuitiv', aber auch als ‚fordernd und fördernd' (anspruchsvoll). Sie beschrieben ihren Führungsstil ebenfalls als ‚kooperativ', ‚kollegial', ‚integrativ' und ‚situativ' (jeweils 2x genannt).

HSFK	Summe	Non-HSFK	Summe
Partnerschaftlich	14	Kooperativ	10/5
Anspruchsvoll	11/9	Familiär	7
kooperativ	8/4	Laissez-faire	4

Tabelle 16: Ausprägungen der Führungsstile

Bei den non-HSFK bildete sich ebenfalls die Kategorie ‚kooperativ‘ aus, mit den Begriffen ‚kooperativ‘, ‚auf Augenhöhe‘, ‚integrativ‘ und ‚situativ‘. Zwei Mal wurde zudem auch noch gesagt, dass sie ihren MA ‚starke Freiheiten geben‘ und sie ‚in den von sich gesetzten Prozessen arbeiten und diese entwickeln lassen‘. Als weitere Ordnung konnte die Kategorie ‚familiär‘ gebildet werden, die Begriffe inkludiert, die einen familiären Kontext haben. Hier wurde der Begriff ‚autoritär‘ zwei Mal genannt. Bei diesem Indikator gibt es auf der Seite der non-HSFK zwei Überschneidungen[107] mit den Indikator ‚Vorstellung über Prinzipien‘.[108]

4.4. Ergebnisse: das Führungsverhalten

In diesem Abschnitt werden die Ergebnisse der Dimension ‚Führungsverhalten‘ vorgestellt. Die Darstellung der Ergebnisse unterscheidet sich nicht erheblich von den vorherigen Abschnitten. Allerdings ist die kleinste Auswerteeinheit nicht nur ein Wort, sondern es sind teilweise ganze Sätze. Für eine Gesamtübersicht über alle Daten wird wieder auf die Reduktionsstabelle 2 (beim Autor anforderbar) verwiesen. Es gibt in dieser Dimension Begriffsaggregationen mit maximal zwei Nennungen.

---

[107] Non-HSFK_B8: „Also mein Führungshandeln ist orientiert eigentlich an einem kooperativen Führungsstil. Ich lehnen eigentlich dieses strikte Vorgesetzte-Untergebenen-Verhältnis insofern ab, dass die Zielerreichung ausschließlich darauf aufbaut, sondern die Zielerreichung aus meiner Bewertung liegt darin, auf beiden Seiten ein gemeinsames Ziel zu finden, die beide Seiten versuchen intrinsisch zu erreichen. Und insofern bietet sich dann auch ein kooperativer Führungsstil an, weil das Autoritäre in den Hintergrund rückt (unv.) Ziel verfolgen.“
Non-HSFK_7: „Es ist ein bisschen, finde ich, wie in einer Ehe oder in einer Beziehung“

[108] Überschneidungen werden nur einmal zitiert.

Kategorie	Häufigkeit der Codings		Verhältnis	%
	HSFK	non-HSFK		
Critical Incident	101	72	1.4 : 1	75.55
Provokante-'HSP-Situation'	36	20	1.8 : 1	24.45
Gesamt		229		100.00

Tabelle 17: [Führungsverhalten] Vergleich der Häufigkeiten der Codings

Die Dimension ‚Führungsverhalten' gliedert sich in zwei Kategorien. In der Kategorie ‚Critical Incident' sind 76% und bei der ‚Provokanten-HSP-Situation' 24% aller Codings innerhalb dieser Dimension. Dabei sind bei der Gruppe der HSFK in beiden Fällen mehr Codings gezählt worden.

4.4.1. Critical Incident

Besonders gutes Erlebnis

Die Daten zu diesem Indikator konnten in zwei a posteriori Kategorien geordnet werden. Die besonders guten Erlebnisse konnten in die Kategorie ‚Lob' und ‚Leistung' unterteilt werden. ‚Lob' beinhaltet alle Erlebnisse, die sich durch gutes Feedback, wertschätzendes Verhalten oder Lob definieren. ‚Leistung' steht für eine Handlung, welche die FK erfolgreich, schnell o.Ä. vollbracht hat. In der Gruppe der HSFK gibt es unter ‚Leistung' drei Doppelnennungen. Besonders gute Erlebnisse sind für sie die ‚Entwicklung eines MA', die ‚erfolgreiche Teamentwicklung' und ‚erfolgreiches Projektmanagement.' Ebenso führte auch ‚Lob' zu einem besonders guten Erlebnis. Bei diesem Indikator gab es zwei Coding-Überschneidungen[109] mit dem Indikator ‚Verhaltensmuster zu besonders gutem Erlebnis' in der HSFK-Gruppe.

---

109 HSFK_B1: „Da waren unsere Mitarbeiter direkt Feuer und Flamme und haben gesagt, es ist sowieso niemand besser als wir. Und wir machen das schon." (142) HSFK_B4: „[...] ich so ein bisschen mich als Koordinator mich verstanden habe, um am Ende Zünglein an der Waage zu sein, dass wir auch den Auftrag kriegen [...]" (171)

HSFK	Summe	Non-HSFK	Summe
Leistung	10/7	Lob	6
Lob	3/2	Leistung	4

Tabelle 18: Ausprägung des besonders guten Erlebnisses

Bei den non-HSFK gestaltet sich das Datenbild etwas heterogener, d.h. es gibt unter den beiden Kategorien bei vier und sechs Begriffen keine Mehrfachnennungen.

Verhaltensmuster zu besonders gutem Erlebnis

So unterschiedlich die besonders guten Erlebnisse waren, so unterschiedlich sind auch die Verhaltensmuster, die dazu führten. Es gibt zum einen Aussagen zum ‚MA-Bezug', in denen die Verhaltensmuster nicht ohne den MA stattfinden können, wie bspw. ‚privates mit dem MA teilen'. Die HSFK zeigen hier zwei dominante Muster. Zum einen ‚infizieren sie ihre MA mit ihrer motivierenden Energie' und zum anderen ‚führen sie durch Vorbild'. Im ‚Selbstbezug' nannten die HSFK Verhaltensweisen oder Ansprüche, die sie an sich stellen. Hier erwähnten sie, dass sie ‚aushaltend und ehrgeizig' sind. Bei diesem Indikator gibt es in der Gruppe der HSFK drei Überschneidungen[110] mit dem Indikator ‚Vermeidungsverhalten'.

HSFK	Summe	Non-HSFK	Summe
MA-Bezug	6	MA-Bezug	6
Selbstbezug	6	Selbstbezug	2

Tabelle 19: Ausprägungen der Verhaltensmuster bei besonders guten Erlebnissen

110 HSFK_B8: „(prusten) da steht natürlich vielleicht die Wand des professionellen Auftretens dazwischen. Wo diese Dinge vielleicht nicht ganz zum Vorschein kommen." (145)
HSFK_B2: „[...] kann sein, dass die das nicht sehen." (146) „Nicht wahrnehmen können an mir." (148)

Die Ergebnisse der non-HSFK stellen eine ähnliche Heterogenität dar, wie bei dem vorherigen Indikator. Es wurde zwei Mal genannt, dass sie sich ‚zielorientiert' verhalten, d.h. ihr Ziel ständig vor Augen haben.

Besonders schlechtes Erlebnis

Die besonders schlechten Erlebnisse der beiden Gruppen konnten zur besseren Vergleichbarkeit nicht ohne Kontextverlust unter die Kategorien des Indikators ‚besonders gutes Erlebnis' geordnet werden. Umgekehrt funktioniert das ebenso wenig. Die genannten Erlebnisse wurden anhand der Unterteilung des Verhaltens verschiedener Parteien bestimmt. Bei den HSFK führt in einem Fall das ‚Untergraben der Autorität' (Verhalten von MA) und ‚Mobbing' durch Vorgesetzte zu einem besonders schlechten Erlebnis. Das ‚persönliche Verhalten' ist dadurch geprägt, dass nicht der Einfluss auf die HSFK als das schlechte Erlebnis gedeutet wird, sondern die eigene Reaktion darauf: ‚unkontrolliertes Verhalten (anschreien) eines Mobbers'. Bei diesem Indikator gab es bei der Codierung eine Überschneidung[111] mit ‚Verhaltensmuster zu besonders schlechtem Erlebnis'.

HSFK	Summe	Non-HSFK	Summe
Verhalten von MA	4	Persönliches Verhalten	7
Verhalten durch Vorgesetzte	3	Verhalten von MA	2
Persönliches Verhalten	3	Verhalten durch Vorgesetzte	1
		Verhalten durch Dritte	1

Tabelle 20: Ausprägungen des besonders schlechten Erlebnisses

Bei den non-HSFK gibt es, neben einer anderen Summenverteilung, noch die zusätzliche Kategorie ‚Verhalten durch Dritte'. Das ‚persönliche Verhalten' unterscheidet sich von der Gruppe der HSFK dadurch, dass neben der Deutung der eigenen Reaktion als ‚schlechtes Erlebnis', auch aktives Verhalten der non-HSFK als ein ‚schlechtes Erlebnis' in dieser

[111] HSFK_B3: „Aber irgendwie war es irgendwie anscheinend schlimm, aber (unv.) Und dann merke ich so, da bin ich dann selber überfordert oder irgendwie." (174)

Kategorie vertreten ist. Es gab ebenfalls eine Überschneidung[112] mit ‚Verhaltensmuster zu besonders schlechtem Erlebnis'.

Verhaltensmuster zu besonders schlechtem Erlebnis

Bei der Gruppe der HSFK konnten zwei dominante Verhaltensweisen aggregiert werden. Zum einen zeigte sich ein Muster, das sie mit ‚Unsicherheit wie bei einem kleinen Kind' beschreiben und zum anderen ‚Überforderung'. Insgesamt nannten die HSFK neun Verhaltensmuster und die non-HSFK acht, was der jeweiligen Anzahl an Probanden entspricht. Mit dem bisherigen Auswertungsschema der a posteriori-Generierung von Kategorien, konnte aufgrund der hohen Diversität der Aussagen keine Zuordnung stattfinden. Der Forscher bediente sich dazu wiederholt an den *Visual Tools* von MAXQDA.

HSFK	Summe	Non-HSFK	Summe
Tiefere Gefühle + Empathie	6	Tiefere Gefühle + Empathie	1
Vermeidungsverhalten	5		
Emotionale Reaktivität	2		

Tabelle 21:Ausprägung der Verhaltensmuster bei besonders schlechten Erlebnissen

Im *Code-Relations-Browser* wird die Anzahl der Überschneidungen der Codings untereinander darstellt. Hierbei stellt sich heraus, dass es auf der Seite der HSFK insgesamt elf Überschneidungen mit drei verschiedenen Indikatoren gibt. Die Indikatoren sind ‚tiefere Gefühle + Empathie'[113], ‚Vermeidungsverhalten'[114] und ‚emotionale Reaktivität'[115]'. Auf

---

112 Non-HSFK_B15: „[...] und das ist glaube ich noch so ein Thema, dass ich bei schwierigen Entscheidungen, die auch einen emotionalen Charakter mit haben nicht so entscheidungsfreudig bin." (79)

113 HSFK_B10: „Also das ist wieder mit fachlich nicht zu wissen wie ich antworten soll und dann genau, komme ich in so eine Unsicherheit wie so ein kleines Kind [...]" (184)
HSFK_B4: „[...]dass ich mich falsch am Platz fühle. Dass ich etwas falsch gemacht haben könnte [...]" (187)
„[...]mir ist es einfach schlecht gegangen dann." (193)
HSFK_B3: „Habe mich schuldig gefühlt oder so gedacht 'Ääh' ich hab/ also ich hab jetzt in meinem Bereich verantworte ich jetzt grad was wo ich jetzt anders fühle als

der Seite der non-HSFK ist es eine Überschneidung[116] mit dem Indikator ‚tiefere Gefühle + Empathie'. Insgesamt hat dieser Indikator 20 Überschneidungen verteilt über acht Indikatoren.

4.4.2. Provokante- ‚HSP-Situation'

Reaktion in dem Moment

Nachdem die provokante-‚HSP-Situation' gestellt wurde, hatten die Probanden die Möglichkeit zu berichten, wie sie darauf reagieren würden. Die darauf folgenden Reaktionen konnten in ‚Handlungen der FK

---

die Führung weil ich es verstehe es auch gar nicht so richtig was das schlimme ist und ich/ das ist aber/ ich glaube dieses […]" (180)
„'Ääh das ist mir jetzt unangenehm'/ dass ich da anscheinend eine andere Meinung habe, also die oder eine andere Wahrnehmung, weil ich irgendwie gar nicht als so schlimm empfand, als/ die hatte mir das mal zu nebenbei erzählt schon mal früher, dass da/ dass sie da irgendwelche Auffassungen vertritt und das war mir jetzt nicht als negativ aufgefallen." (186)
HSFK_B2: „So ein bisschen ohnmächtiges Gefühl. Und dass ich dann auch nicht erwachsen bin. Also dann kann ich auch nicht/ dann bin ich eher Kind in dem Augenblick. Und fühle mich eher ohnmächtig, ärgerlich oder verletzt. Ja auch VERLETZT." (178)

[114] HSFK_B4: „Ich glaube, dass die, wenn sie nicht sehr wahrnehmend und empathisch waren, das gar nicht viel mitbekommen haben, weil ich das gut verbergen gelernt hatte […]" (189)
HSFK_B1: „Ich habe den Mann ab da ignoriert." (168) „Ist für mich völlig typisch, dass ich solche Leute zumindest mental, wenn es praktisch nicht geht, aus meinem Leben streiche." (170) „Sie haben mich bewundert, weil ich nach außen hin sehr gelassen erschien […]" (174) „Ich war innerlich sowas von aufgewühlt." (177)

[115] HSFK_B4: „[…] typisch sind bei mir dann, dass ich sehr wütend werde. Dass ich eine innere Wut und Unverständnis empfinde, dass ich Ängste hoch kommen nicht genügt zu haben […]" (187)
HSFK_B2: „Dass ich erstmal dann traurig war […]" (174)

[116] non-HSFK_15: „Ich glaube man merkt vielleicht, dass es dann für mich vor allem wenn es auf diese emotionale Ebene geht vielleicht ein bisschen überfordernd ist und ich es versuche so bisschen auf die rationale Ebene zu bringen. Das heißt, ich versuche da halt nicht Gefühl reinzubringen oder was sondern es dann rein rational abzuhandeln." (89)

mit ihren MA', ‚Handlungen mit Kunden' und ‚Handlungen mit Vorgesetzten' unterschieden werden. Als vierte Kategorie wurden Anzeichen auf ‚Stimmungen der Probanden' ausgemacht, von der sie teilweise ihr Handeln abhängig machen. In der Gruppe der HSFK wurde fünf Mal bei der ‚Handlung mit MA' genannt, dass sie sich nur ‚von dem Team informieren lassen' würden, allerdings zu dem Zeitpunkt keine aktiven Maßnahmen zur Problemlösung angehen. In zwei Fällen würden sie die Herausforderung ‚in der Gruppe klären' wollen und einmal würden sie dies im Rahmen von ‚Einzelgesprächen' machen. Die Vorgesetzten würden entweder ‚weggeschickt' werden oder dazu eingeladen, an dem Gespräch ‚teilzunehmen'. Die Unternehmer innerhalb der HSFK, welche keine Vorgesetzten haben, ‚vertrösten' entweder ihre Kunden, weil sie sich um die Situation mit den MA kümmern möchten oder sie behandeln zuerst die Belange der Kunden. Für die HSFK ist die Deutung der Stimmung in der Situation mit ihren MA wichtig, da sie ‚je nach Stimmung reagieren', was drei Mal genannt wurde. Zwei von ihnen machten Aussagen über ihre Stimmung (überrumpelt; unsicher und ängstlich). Des Weiteren wird genannt, dass sie entweder sich oder die Gruppe in diesem Moment ‚ruhig halten' müssen. In diesem Indikator gab es drei Überschneidungen[117] mit dem Indikator ‚Vermeidungsverhalten'.

---

[117] HSFK_B10: „Ja dann müsste man einen neuen Termin machen und gucken 'ok wir setzen und jetzt mal zusammen'." (204)
HSFK_B14: „Um die Situation noch zu deeskalieren. Denn wenn der Vorgesetzte da drin ist, dann denken die Untergebenen vielleicht auch 'naja jetzt können wir ihn ganz besonders anpinkeln, jetzt können wir mal richtig schön auspacken, richtig einen vom Leder lassen so das er vor seinem Vorgesetzten doof aussieht' und das ist eine Situation die würde ich immer vermeiden. IMMER [...]" (133)
HSFK_B2: „[...]ich bleibe ruhig und bitte um Bedenkzeit, dass wir uns nochmal verabreden, dass ich jetzt erstmal die Information aufnehme." (192)

HSFK	Summe	Non-HSFK	Summe
Handlung mit MA	8	Handlung mit MA	7
Handlung mit Vorgesetztem	4	Handlung mit Vorgesetztem	4
Handlung mit Kunde	2	Handlung mit Kunde	3
Stimmung	7	Stimmung	2

Tabelle 22: Ausprägungen der Reaktionen in dem Moment

In der Gruppe der non-HSFK gab es sechs Nennungen zu ‚Handlungen mit den MA' in der Gruppe und zwei Mal würden Einzelgespräche geführt. Innerhalb der Gruppensituation würde seitens der non-HSFK die Situation ‚genau analysiert' (2x), die ‚MA befragt' (2x) oder das Thema ‚ausdiskutiert' (1x). In dem Umgang mit ihren Vorgesetzten unterscheiden sie sich nicht von den HSFK. Ihre Kunden ‚lassen sie entweder warten' (1x) oder ‚kümmern' (2x) sich präferiert um sie. Zwei von ihnen erwähnten ebenfalls bei Konfrontation mit dieser Situation erstmal ‚ruhig bleiben' zu wollen.

Einschätzung aus der Metaperspektive

Bei diesem Indikator interessiert es, wie die Probanden die provokante-‚HSP-Situation' analysieren, d.h. wie es überhaupt aus ihrer Perspektive zu einer solchen Situation kommen konnte. Es wurden hier insgesamt fünf Antworten gezählt, wovon vier den HSFK und eine den non-HSFK zuzuordnen sind. In jeder Antwort wurde ein möglicher Grund für das Verhalten genannt. Die Einschätzungen sind allerdings so unterschiedlich, dass außer der Anzahl der Antworten keine Gemeinsamkeiten oder ableitbaren Muster gebildet werden können, welche für die jeweilige Gruppe sprechen.

4.5. Ergebnisse: das ‚typische Verhalten'

Es werden in diesem Abschnitt die Ergebnisse der Dimension des ‚typischen Verhaltens' vorgestellt. Einige Male ist in dieser Dimension niederste Ordnungseinheit nicht eine a posteriori-Kategorie, sondern der Indikator selbst. Dadurch erübrigen sich in diesen Fällen tabellarische

Ergebnisdarstellungen. Die HSFK erreichten im Vergleich zu den non-HSFK etwa das Dreifache[118] an Kodierungen.
Es in diesem Zusammenhang nochmal darauf hinzuweisen, dass die Kategorien das typische Verhalten von HSPs beschreiben, welche theoriegeleitet Aron (2014) entnommen wurden.

Kategorie	Häufigkeit der Codings		Verhältnis	%
	HSFK	non-HSFK		
Emotionale Intensität	40	7	5.71 : 1	26.11
Gründliche Informationsverarbeitung	50	22	2.27 : 1	39.44
Sensorische Empfindlichkeit	7	2	3.50 : 1	5.00
Übererregung	40	13	3.08 : 1	29.44
Gesamt		181		100.00

Tabelle 23: [typisches Verhalten] Vergleich der Häufigkeiten der Codings

4.5.1. Gründliche Informationsverarbeitung

Sinnieren

Es wurde bei diesem Indikator deutlich verbalisiertes Sinnieren extrahiert, wenn Grundsätzliches hinterfragt oder diskutiert wird. Die HSFK machten das insgesamt drei Mal, indem sie ‚an sich zweifeln, ob sie als FK geeignet sind'. In der Gruppe der non-HSFK wurde sich zwei Mal ‚hinterfragt' und ‚gegrübelt, ob die Arbeit der letzten Jahre falsch war'.

Mutmaßen

Die HSFK nannten drei und die non-HSFK zwei ‚Mutmaßungen'. Bei diesem Indikator besteht die gleiche Herausforderung wie in der ‚Einschätzung aus der Metaperspektive', mit dem es zwei Überschneidungen[119]

[118] 137 (HSFK) : 44 (non-HSFK) = 3,1

[119] HSFK_B2: „also es muss so gewesen sein, also als Beispiel. Ich habe alleine ein Gespräch gehabt mit einer Mitarbeiterin und sie hat sich völlig falsch behandelt gefühlt und ist dann zu den anderen hin und hat die um Unterstützung gebeten. Und gesagt 'was die gemacht hat oder wie die mit mir umgegangen ist, das geht ja gar nicht'." (206)

bei den HSFK gibt. Mit Blick auf diese Indikatoren wird auf das Kapitel (5.1.) der Methodenkritik verwiesen.

Eigenes Pflichtgefühl

Die beiden Gruppen unterscheiden sich bei diesem Indikator markant, d.h. die HSFK tätigten, gemäß der Definition im Kodierleitfaden, sieben Aussagen, wovon drei doppelt genannt wurden. Keine Nennung gab es bei den non-HSFK, folglich auch kein zu berichtendes Ergebnis. Für HSFK ist eine Grenze überschritten, wenn sie zu ‚Dingen gezwungen werden, die gegen ihr eigenes Werteverständnis gehen'. Solche Wertekonflikte, die sie auch haben, wenn es ausschließlich ums Geldverdienen geht', können sich in Reaktanz äußern, so bspw., wenn MA von Kollegen gemobbt werden, so dass sie das Mobbingopfer ‚in Schutz nehmen' und den Mobber anschreien.

Tiefere Gefühle + Empathie

Bei der ‚Offenlegung der eigenen Gefühle', wie die zuständige Kodierregel lautet, legten die HSFK 18 Mal ihre Gefühle offen, wovon sieben Inhalte mindestens doppelt genannt wurden. Dreifach genannt wurde, dass sie ‚sich abgelehnt fühlen und empfindlich sind' sowie dass sie ‚keine schönen Gedanken haben, weil es unangenehm ist'. Jeweils doppelt wurde das Gefühl ausgedrückt, ‚etwas falsch gemacht zu haben' und eine ‚Unsicherheit, worum es geht'. Zudem sagten sie, dass sie in dem Moment ‚allgemein sehr aufgeregt sind' und ‚die Atmosphäre beim Betreten des Raums spüren'. Sie hatten auch das Gefühl, ‚wieder das Kind' zu sein. Die Gefühlsäußerungen beziehen sich auf das besonders schlechte Erlebnis und die provokante-‚HSP-Situation'. Es gibt bei der HSFK eine Überschneidung[120] mit dem Indikator ‚mutmaßen'. Die non-

---

HSFK_B1: „[...]Und würde mich selber aus der Sicht der Mitarbeiter auch reflektieren." (191)

[120] HSFK_B10: „[...]wieder das gefühlt 'ok was hast du falsch gemacht?' Hast du Fehler gemacht? ja, nein. Aber dann erstmal auch zu gucken woran liegt es überhaupt? Ist das nur einer der da redet oder was ist passiert? Also da versuche ich jetzt wirklich die Lage sachlich zu betrachten [...]" (220)

HSFK wiesen vier Einfachnennungen auf, mit denen sie ihre Gefühle ausdrückten und ebenfalls eine Überschneidung[121] mit dem Indikator ‚mutmaßen‘.

4.5.2. Übererregung

Nervosität

Es gab seitens der HSFK sechs Erwähnungen, dass sie auf die HSP-Situation ‚nervös‘ reagieren würden und davon drei Mal mit dem Zusatz ‚sicherlich‘ nervös. Die non-HSFK erwähnten das fünf Mal mit den jeweiligen doppelt genannten Zusätzen ‚sicherlich‘ und ‚bisschen‘. In beiden Gruppen (HSFK[122]/ non-HSFK[123]) gibt es jeweils eine Überschneidung mit dem Indikator ‚Vermeidungsverhalten‘.

Konzentrationsstörung

Es gibt bei den HSFK drei direkte und einfach-genannte Hinweise auf ‚Konzentrationsstörungen‘. Eine weitere wurde von einer HSFK (B5) nicht direkt angesprochen, sondern fiel dem Interviewer während des Gesprächsverlaufs[124] im Interview und beim nochmaligem Anhören der

---

121 Non-HSFK_B7: „(..) Was mache ich falsch? (..) Hätte/ Ich glaube ich hätte so bisschen Selbstzweifel wahrscheinlich. Und hätte mir gedacht 'Oh Gott was habe ich falsch gemacht?' (...) dann würde ich mir vielleicht schon mal noch überlegen 'Oh haben sie das vielleicht mit jemand anderen zuerst angesprochen bevor sie mit mir gesprochen haben?' (..) Ich würde mir vielleicht denken 'Oh warum habe ich das nicht früher gemerkt?' 'Hätte ich das nicht sehen müssen, dass die unzufrieden mit mir sind?' (...) ja. Das wären so die Gedanken, die ich hätte.“ (248)

122 HSFK_B4: „Ja, natürlich. Ich wäre hochnervös.“ (244)

123 Non-HSFK_B8: „Ich würde versuchen die/ vielleicht diese innerliche Nervosität oder diese Anspannung oder diese vielleicht auch Angst die dann dabei ist/ würde ich versuchen zu unterdrücken.“ (189)

124 I: „Wie würden Sie das beschreiben? Wie es überhaupt dazu kommen konnte?“
HSFK_B5: „(...) Wie es überhaupt dazu kommen konnte? Also zu meinem Verhalten?“
I: „zu der Situation. Wie würde Sie die Situation analysieren?“
HSFK_B5: „(...) Sorry ich verstehe nicht, welche Situation meinen Sie?“

Aufnahmen auf. Die Probandin schien aufgrund dessen, dass sie sich emotional in das Thema hineinsteigerte, eine Konzentrationsstörung zu haben. Bei den non-HSFK gab es einen Hinweis auf ‚Konzentrationsstörung‘. Wie schon bei der ‚Nervosität‘ gibt es auch hier zwei Überschneidungen[125] der HSFK mit ‚Vermeidungsverhalten‘.

Vermeidungsverhalten

Der Indikator ‚Vermeidungsverhalten‘ hat im Vergleich mit allen anderen die meisten Überschneidungen im *Code-Relations-Browser* (26 Überschneidungen mit neun Indikatoren). Das ‚Vermeidungsverhalten‘ lässt sich in zwei verschiedene Arten unterteilen. Zum einen vermeiden HSFK den Reiz (3x), indem sie versuchen ihm aus dem Weg zu gehen. Das machen sie bspw. dadurch, dass sie ‚um Bedenkzeit bitten‘. ‚Wenn sie ihre Grenzen wahrnehmen ist Schluss‘ und es beginnt die Vermeidung. Während des Interviews zeigte ein Proband (B4) Anzeichen für Vermeidungsverhalten[126], indem er dem Interviewer plötzlich Fragen

---

I: „Die Situation, die ich Ihnen geschildert habe. Das mit dem Rädelsführer, dass dieses Team da sitzt, dass der Vorgesetzte um die Ecke kommt. Wie kann es dazu kommen, dass es überhaupt zu dieser Situation kommt? Wie würden Sie das analysieren?“
HSFK_B5: „(...) (pusten) Irgendwie schnall ichs grad nicht. Das tut mir Leid.“
I: „Das ist kein Problem. Was genau/ Mit welchem Punkt können Sie grad nichts anfangen?“
HSFK_B5: „Ja, sie meinen diese Situation/ also welche Gründe es geben könnte, warum die Mitarbeiter so unzufrieden sein könnten? oder (..)“
I: „Ja, das wäre eine Komponente. (..) Weiter wäre halt die Gesamtanalyse der Situation (...) Kein Problem. Wir machen weiter, ja?“
HSFK_B5: „Ja, es tut mir leid, ich kann grad nicht (unv.)“
I: „Nein, entschuldigen Sie sich nicht dafür. Alles gut. (..) Jetzt gehen wir nochmal in die Situation rein.“
HSFK_B5: „Mhm. (bejahend)“ (277-288)

125 HSFK_B2: „Und dann würde ich das merken und dann würde ich sagen/ das verschieben und ich brauch Bedenkzeit und so, wenn ich gestresst wäre jetzt.“ (200) „Nee, also wenn ich von mir wahrnehme, dass ich müde bin und dass jetzt Schluss ist und dass aber die anderen die Erwartung haben, es muss jetzt aber weitergehen/ und ich eigentlich meine Grenze spüre/ aber was anderes nicht.“ (226)

126 I: „Mhm. (bejahend) OK. Wer würde/“

stellte und bei den Fragen ablenkte. Zum anderen vermeiden sie, dass die Emotion überhaupt gesehen wird (3x). Das passiert bei ihnen ‚nur im Inneren'. ‚Es wird auch von Kollegen gespiegelt, dass man nach außen eine andere Ausstrahlung hat'. Die HSFK erwähnten noch, warum die MA ihre Emotionen nicht sehen können. Es wurde drei Mal gesagt, dass die MA ‚nicht die Sensibilität haben, um das deuten zu können'. Zwei Mal sagten sie, dass sie ‚gelernt haben, es zu verbergen'. Die non-HSFK äußerten zwei Mal, dass sie vermeiden, dass ihre Emotionen gesehen werden.

HSFK	Summe	Non-HSFK	Summe
Reiz vermeiden	7/5	Vermeiden, dass Emotion gesehen wird	2
Warum sehen MA nicht…	6/3		
Vermeiden, dass Emotion gesehen wird	3/1		

Tabelle 24: Ausprägung des Vermeidungsverhaltens

HSFK_B4: "Assessmentcenterfrage."
I: (lachen)
HSFK_B4: „ ich weiß, da darf ich nicht so antworten im Assessmentcenter. Das ist mir völlig klar."
I: „einfach drauf los. Es gibt keine falsche Antworten."
HSFK_B4: „solchen Fragen sind sicherlich beim Militär zum Beispiel hoch beliebt, weil das die höchsten lebensbedrohlichen Stesssituationen/ da muss die Führungskraft natürlich dann auch richtig reagieren."
I: „(..) Das kann sein, ich habe sie persönlich da noch nicht gehört, aber/"
HSFK_B4: „sie kommen da ja her"
I: „bitte?"
HSFK_B4: „ sie waren ja eine Zeit lang beim Militär?"
I: „ja, genau. Aber so eine habe ich da noch nicht gehört"
HSFK_B4: „OK. Waren Sie da im Assessmentcenter gewesen?"
I: „selber ja"
HSFK_B4: „OK."
I: „aber über mich ergehen lassen."
HSFK_B4: „OK"
I: „Wenn wir nochmal in die Situation rein gehen, wäre da Nervosität und Vermeidungsverhalten ein Thema?"
HSFK_B4: „Ich habe es akustisch jetzt grad nicht." (225-246)

4.5.3. Emotionale Intensität

Emotionale Reaktivität

Dieser Indikator gliedert sich in die Schilderung von Emotionen durch die folgenden Affekthandlungen. Die HSFK äußerten vier Mal, dass sie ‚Emotionen haben, weil das geschilderte Erlebnis unangenehm war‘. Das Erlebnis kann die provokante-‚HSP-Situation‘ oder das ‚besonders schlechte Erlebnis‘ sein. Sie nannten diesbezüglich drei Mal, dass sie ‚Angst‘ verspüren, bzw. ‚ängstlich‘ seien. Ihre Emotionen äußerten sich durch bspw. ‚übertriebenes Gestikulieren‘ oder ‚auf dem Boden stampfen‘. Der Interviewer merkte wieder während eines Interviews, dass eine Probandin (B2) durch die Fragen und den dadurch erzeugten Kontext sehr emotional[127] wurde. Er zog diese markante Gefühlsäußerung auch in seine Auswertung mit ein. Innerhalb dieser Gruppe gab es drei Überschneidungen[128] mit dem Indikator ‚Vermeidungsverhalten‘.

---

[127] I: „Das heißt die Situation würde sich ganz klar emotional bemerkbar machen?“
HSFK_B2: „JA.“
I: „OK. Also jetzt bitte einen kurzen Break. Für mich ist jetzt auch wichtig, dass ich vielleicht bei Ihnen in dem Moment jetzt grad nicht zu viele Emotionen hoch hole.“
HSFK_B2: „Ja.“
I: „Sie müssen mir sagen wenn es zu viel wird.“
HSFK_B2: „Alles gut, ja.“ (209-214)

[128] HSFK_B5: „Also ich brauch dann immer mal so ein zwei Tage bis ich das dann wieder so durchsortiert habe und dann konstruktiv angehen kann.“ (230)
HSFK_B3: „Also wenn ich aus sowas raus gehe (...) wie jetzt auch vorhin diese Situation, wo ich diese Situation wo ich diese Mitarbeiterversammlung da geleitet habe oder wenn ich solche (unv.) hab mit Mitarbeitern wo es bisschen mehr unter die Oberfläche geht sag ich mal so. Dann brauche ich eher, dass ich an die frische Luft gehe, dass ich spazieren gehe, dass ich tief durchatme, dass ich mit den Füßen auf den Boden stampfe sozusagen. Oder mit schüttele oder (...) an den Fluss gehe. Oder dass ich/ ich habe auch schon Freundinnen angerufen, also private Freundinnen in der Mittagspause und sage 'boah ich habe es geschafft' oder ich muss jetzt mal grade jemand sprechen irgendwie. Oder irgendwo habe ich auch schon mal geweint, weil ich irgendwie merkte 'boah die ganze Spannung löst sich so'.“ (216) „Ich muss raus. Oder manchmal stehe ich vom Schreibtisch manchmal auf und dreh ne Runde in meinem Zimmer und mache das Fenster auf oder (..) geh auf Klo oder koche mir nen Tee/ Also aber/ irgendwie ich muss mich bewegen.“ (222)

HSFK	Summe	Non-HSFK	Summe
Emotion	9	Affekt	3
Affekt	3	Emotion	1

Tabelle 25: Ausprägung der emotionalen Reaktivität

Bei den non-HSFK gab es eine Emotionsnennung und drei verschiedene Affektmeldungen. Eine non-HSFK muss ebenso wie die HSFK, bei ‚Anspannung im Raum hin und herlaufen'. Hier gab es ebenfalls Überschneidungen[129] (2x) mit dem ‚Vermeidungsverhalten'.

Physische Äußerung

Die u.a. eben genannten Emotionen wirken sich neben der psychischen Komponente auch physisch aus. Bei den physischen Äußerungen wird zwischen ‚innerlichen' und ‚äußerlichen' unterschieden. Äußerlich äußert sich das bei den HSFK besonders durch ‚weinen' (dreifache Nennung) und einen ‚roten Kopf' (zweifache Nennung). Innerlich besonders durch ‚Herzrasen' (2x). Es gibt hier vier Überschneidungen[130] mit ‚Vermeidungsverhalten'.

[129] Non-HSFK_B8: „Ich würde versuchen die/ vielleicht diese innerliche Nervosität oder diese Anspannung oder diese vielleicht auch Angst die dann dabei ist/ würde ich versuchen zu unterdrücken. Da würde ich versuchen zu reden in der Phase damit diese Emotion nicht aufkommen und nicht rauskommen oder mich vielleicht wegdrehen oder mich vielleicht im Raum hin und herlaufen oder so, dass man abgelenkt ist und sich das Ganze wieder so ein bisschen beruhigt. Wenn es was Negatives wäre [...]" (189)
Non-HSFK_B11: „ja explodiere ich dann schnell aber ich versuche es halt zu vermeiden und dann lieber eine Nacht darüber zu schlafen [...]" (169)

[130] HSFK_B5: „Oh. Hoffentlich nicht weinend." (256) „Weil wenn viel zusammen kommt, kann das schon passieren. Aber möglichst, wenn keiner dabei ist." (256)
HSFK_B10: „Aber nee, dass würde sonst so keiner merken." (214)
HSFK_B3: „Oder irgendwo habe ich auch schon mal geweint, weil ich irgendwie merkte 'boah die ganze Spannung löst sich so'." (216)

HSFK	Summe	Non-HSFK	Summe
Äußerlich	8/5	Innerlich	2
Innerlich	7/6	Äußerlich	2

Tabelle 26: Ausprägung der physischen Äußerung

In der Gruppe der non-HSFK wurden pro Kategorie jeweils zwei Nennungen getätigt.

Vermittlung von Veränderungen

Es konnten gemäß der Definition im Kodierleitfaden zwei ‚Vermittlungen von Veränderungen‘ in der Gruppe der HSFK ausgemacht werden. Sie beinhalten beide dramatische Veränderungen, aufgrund des Auftretens starker Emotionen. Bei den non-HSFK gab es keine Nennungen.

4.5.4. Sensorische Empfindlichkeit

Subtile Verhaltenssignale

Seitens der HSFK wurde auf das flackernde Deckenlicht und den Baulärm drei Mal reagiert, d.h. Fenster schließen und Licht ausschalten oder Übungen machen, um es verkraften zu können. Ein weiteres Mal wurde es erwähnt, allerdings ohne eine Reaktionsbeschreibung. In dieser Gruppe gibt es eine Überschneidung mit der ‚emotionalen Reaktivität‘[131] und zwei mit der ‚Reaktion in diesem Moment‘[132].

---

131 HSFK_B4: „Es würde alles drunter und drüber gehen. Ich wäre überreizt durch die Situationen wie sie geschildert wurden. Straßenlärm, flackerndes Licht, laute Geräusche. Ich wäre überreizt. Könnte die Dinge vermutlich nicht schnell genug sortieren, wie es die Situation erfordert und würde dadurch in ein Reaktionsmuster reinfallen das von Angst und Unsicherheit getrieben ist.“ (216)

132 HSFK_B4: siehe Fußnote 42.
HSFK_B3: „Und / Wenn das Licht da flackert hätte ich/ 'sag mal, kann man das Licht mal ausmachen oder irgendwie'. 'können wir nicht das Licht da hinten einschalten' irgendwie so.“ (202)

HSFK	Summe	Non-HSFK	Summe
Bemerkt + Reagiert	3	Bemerkt	2
Bemerkt	1		

Tabelle 27: Ausprägung der subtilen Verhaltenssignale

Die non-HSFK bemerken zwei Mal die störenden Reize, vollziehen aber keine Schritte um sie zu beseitigen, obwohl sie anmerken, dass es ‚negative Einflüsse' seien und ‚beunruhigen'.

Insgesamt konnte festgestellt werden, dass es innerhalb der verschiedenen Dimensionen quantitative und qualitative Unterschiede in den Ergebnisbereichen gibt, auf die in diesem Kapital dezidiert und beschreibend eingegangen wurde. Es konnten einige besonders markante Unterschiede gefunden werden, bspw. in der Dimension ‚typisches Verhalten', durch die eine Charakterisierung der jeweiligen Gruppen durchgeführt werden kann. Im folgenden Kapitel werden die Methode und die Ergebnisse diskutiert, darauffolgend werden die Ergebnisse zusammengefasst und interpretiert. In diesem Teil findet vor allem die endgültige Beantwortung der vier Forschungsfragen ihren Platz.

5. Diskussion

Dieses Kapitel gliedert sich in drei verschiedene Unterkapitel. In der Methodenkritik und kritischen Reflexion wird der methodische Aufbau hinterfragt, Schwächen teilweise mit den jeweiligen Lösungsvorschlägen aufgeführt und auf Besonderheiten, die dem Forscher auffielen, aufmerksam gemacht. Darauf folgt die Interpretation und Zusammenfassung der Ergebnisse. Hier werden die vier Fragestellungen anhand der Zusammenfassungen beantwortet. Das Kapitel schließt mit Implikationen für Forschung und Praxis. Es finden hier Vorschläge für weitere Forschungsvorhaben und die Herstellung einer Praxisrelevanz ihren Platz.

5.1. Methodenkritik und kritische Reflexion

Im Rahmen dieser Studie konnten verschiedene Ergebnisse beobachtet und berichtet werden. Sie unterliegen u.a. dem Problem der Kontrolle der Drittvariablen (vgl. Schnell, et al., 2005, S. 233). Die ersichtlichen Unterschiede in den jeweiligen Ergebnissen der beiden Gruppen können nicht ausschließlich auf unterschiedlich hohe HSP-Werte zurückgeführt werden. Zum einen rechtfertigt die Kontrollgruppe durch ihre Hinzufügung zum Untersuchungsdesign, dass Unterschiede überhaupt erkennbar sind. Zum anderen lässt sich hinsichtlich der Unterschiede in Durchschnittsalter und Führungsspanne der beiden Gruppen vermuten, dass diese Variablen ebenfalls einen Einfluss auf das Ergebnis haben könnten. Des Weiteren ist noch zu nennen, dass die Kontrollgruppe unter Zuhilfenahme eines Schneeballsystems im erweiterten beruflichen und persönlichen Umfeld des Forschers akquiriert wurde. Dies könnte wegen der eingeschränkten Anonymität dazu führen, dass Antworten aufgrund von „[...] Reaktionen auf Merkmale des Interviewers [...]“ (ebd., S. 354) verzerrt wurden. Da die Altersklasse der Kontrollgruppe der des Forschers entspricht, einigte man sich in den Vorgesprächen auf ein gegenseitiges Duzen, was im Vergleich zur Experimentalgruppe zu einem anderen Grad der Vertrautheit geführt haben könnte. Ein weiterer Effekt könnte dadurch hervorgerufen worden sein, dass die Gruppe der HSFK neun (vier männlich/ fünf weiblich) und die non-HSFK acht (vier männlich/ vier weiblich) Probanden hat. Dass bei den weiblichen HSFK im Durchschnitt deutlich häufiger als bei den restlichen Gruppen[133] kodiert wurde, hat möglicherweise einen Einfluss auf die quantitativen und vermutlich auch auf die qualitativen Ergebnisteile.

Auf das Thema Führung haben generell viele Faktoren einen Einfluss, dazu gehören u.a. Persönlichkeitsmerkmale, Situation/ Kontext und Organisationkultur, so dass Unterschiede zweier Gruppen nicht nur auf hsps vs. nicht-hsps zurückzuführen sind. Dies zu überprüfen wäre eher in kontrollierten Laborbedingungen (Einzelfallstudie) möglich – was bei Führung per se etwas schwierig ist und in diesem Fall als Methode auch nicht passend wäre. Für eine explorative und qualitative Querschnittsstudie, die wissenschaftliches Neuland in der Kombination der Dimensionen, die selbst relativ wenig beforscht sind (subjektive Theorien/ hsps), betritt und somit Pionierdienst leistet, sind dies akzeptable Schwächen.

Die Vorteile der qualitativen Inhaltsanalyse liegen vor allem in der Subjektivität und Individualität des Forschungsaufbaus und der daraus folgenden Dynamik des Forschungsgegenstands. Sie findet, mit der qualitativen Sozialforschung als interpretatives Paradigma im Hintergrund, durch die Theoriegebundenheit und die strenge Strukturierung (Analyseablauf siehe Anhang 1) ihren Weg in der Objektivität. Die Objektivität der qualitativen Inhaltsanalyse wird auch durch ihre Transparenz[134] und Nachvollziehbarkeit für Dritte gewährleistet. Grundsätzlich ist allerdings der steuernde ‚Filter' des kompletten Forschungsprozesses der Forscher selbst, der, im Sinne des Konstruktivismus, in der Auswahl der jeweiligen Theorien, Ablauf- und Auswertemodelle Parameterhoheit zur Formung des Forschungsgegenstands hat. Die angewandte Methode der strukturierten Inhaltsanalyse erwies sich, mit Sicht auf die erzeugten Ergebnisse, vor allem durch die Individualisierung (siehe Anhang 1) der

---

[133] Männliche HSFK/ weibliche non-HSFK/ männliche non-HSFK

[134] Die einzelnen Schritte der qualitativen Inhaltsanalyse und deren Inhalte können Ihnen auf Anfrage (eMail an: HSPLeadership@web.de) zur Verfügung gestellt weden.

Analyseschritte als zweckmäßig und zielführend. Implizite Argumentationsstrukturen der subjektiven Führungstheorien verschiedenster Probanden zu kumulieren und daraus konkrete Theorien und Gemeinsamkeiten abzuleiten, bleibt die größte inhaltliche Herausforderung in diesem und ähnlichen Forschungsvorhaben.

Es fiel dem Forscher während der Interviews und der darauf folgenden Transkription auf, dass die Probanden in vielen Fällen auf die gestellten Fragen nicht in der Intention des Forschers antworteten, sondern darauf, wie sie die Frage für sich und ihren Kontext interpretierten. Diesen Effekt wird der Forscher für weitere Forschungsvorhaben bedenken, indem zukünftig individuelle Hintergründe stärkere Beachtung finden sollen. Interviewer, die Interviews nicht nur über Skype und ohne visuelle Funktion führen, können wahrscheinlich den Kontext der jeweiligen Befragten besser einschätzen. Weiterhin ist kritisch anzumerken, dass der Forscher unbewusst bei den Probanden eine kompetente führungswissenschaftliche Begriffsverwendung vorausgesetzt hat. Daher gab es in den Antworten bspw. keine klare Abgrenzung von Eigenschaften und Verhaltensweisen, was dazu führte, dass sie in der Auswertung zusammengelegt wurden. Der Forscher beachtete in der Generierung des Interviewleitfadens ebenfalls nicht, dass die Probanden im Interview und durch das Interview aufgeregt (nervös) sein könnten und ihnen teilweise Fragen gestellt werden, die ihnen vorher noch nie gestellt wurden, bzw. die sie sich selbst noch nie gestellt hatten. Durch die dadurch verursachten internen Effekte könnten die Befragten von der eigentlichen Beantwortung der Frage abgelenkt sein.

Als weitere Herausforderung ist die Zuverlässigkeit der Inhaltsanalyse zu nennen. In diesem Fall kann die *Stabilität* der Kodierung, d.h. die Intracoderreliabilität als hoch angesehen werden. Der Forscher musste in drei aufwendigen Prüfschleifen nur wenige Inkonsistenzen beheben. Voraussetzungen zur Wiederholbarkeit werden durch die Offenlegung aller Daten gegeben. Überschneidungen von Codings in dieser Studie sind nicht nur darauf zurückzuführen, dass die Probanden durch die Kommunikation unbewusst mehrere Codes in ihren jeweiligen Darstellungen miteinander vermengten, so dass der Forscher sie doppelt kodieren musste, sondern auch auf die Trennschärfe der Items im Interviewleitfaden. Das ist vor allem dem geschuldet, dass die Kategorien zum typischen Verhalten einer HSP nicht einer validierten Studie entnommen wurden, sondern einer Ansammlung der therapeutischen Erfahrungen von Aron (2014), die sich dort eines Induktionsschlusses bedient. Die Indikatoren ‚Einschätzung aus Metaperspektive' und ‚Mutmaßen' sind daher eher als schwierig zu betrachten und für weitere Forschungsvorhaben strenger abzugrenzen. Insgesamt verlangt das Kodieren mit Codes dieser Kategorie durch die berichtete Ähnlichkeit eine hohe Aufmerksamkeit der Auswerters.

Die HSP-Skala, welche in ihrer englischen Fassung u.a. bei Aron et al. (1997) ein Cronbach's Alpha von 0.87 erreichte, hatte in der übersetzten und inhaltlich nicht veränderten Fassung dieser Studie eine interne Konsistenz von 0.91, was als sehr hoch zu beurteilen ist. Zur Bestätigung dieses Werts müssten weitere Studien diesen Fragebogen verwenden und auf diesen Koeffizienten prüfen.

Als weiteres zentrales Gütekriterium wird die Gültigkeit (Validität) der Messinstrumente betrachtet. Das untersuchte Konstrukt, bzw. der komplette Interviewleitfaden mit seinen vier Dimensionen, entspricht der Definition für Inhaltsvalidität, denn sie „[...] bezieht sich darauf, dass möglichst alle Aspekte der Dimension, die gemessen werden sollte, berücksichtigt wurden." (Schnell, et al., 2005, S. 155) Jede Dimension wurde multikategorisch aufgegliedert, um möglichst viele Inhalte zu berücksichtigen. Für eine klare Aussage zur prädiktiven Validität, sollte nur die Kombination von HSP-Skala und ‚typisches Verhalten HSP' herangezogen werden. „Prädiktive Validität besitzt ein Instrument dann, wenn Voraussagen, die auf einer Messung mit dem Instrument beruhen, durch spätere Messungen mit einem anderen Instrument bestätigt werden können." (Ebd.) Die Gruppe der Probanden, welche min. 140 Punkte auf der HSP-Skala erreichten, haben deutlich mehr Nennungen (Codings) in genannter Dimension, als die Gruppe der non-HSFK. Auf die ebenfalls erkannten Unterschiede in der Qualität der Aussagen wird bei der Interpretation der Ergebnisse eingegangen. Für die Argumentation einer Konstruktvalidität fehlen die eindeutig feststellbaren empirischen

Zusammenhänge. Denkbar wäre es, in weiteren Studien eine Konstruktvalidierung durch Multitrait-Multimethod-Matrizen (MTMM) herbeizuführen (vgl. ebd., S. 158).

Von einer Metaebene aus betrachtet gibt es bei allen Studien und Abschlussarbeiten ein gewisses unterstelltes Interesse des Forschenden, signifikante Ergebnisse zu erlangen. Der Forscher wusste durch die eigenständige Ziehung der Stichprobe, ob ein Proband eine HSFK ist oder nicht. Während des Interviews bestand die hypothetische Möglichkeit, wie bei allen ähnlichen Untersuchungsdesigns, darauf unbewusst variabel reagiert zu haben. Die HSFK nahmen motiviert an der Studie teil, weil sie sich u.a. eine wissenschaftliche Fundierung des Phänomens erhoffen. Ein möglicher subtiler Effekt könnte sein, dass der Forscher unbewusst versucht, dieser Erwartung als Dank für die aufgebrachte Zeit der Probanden nachzukommen. Bei Erkenntnis darüber könnte der Forscher versuchen das zu überkompensieren, d.h. zu kritisch zu sein. Evtl. unbewusste Versuchsleitereffekte sind nie vollständig auszuschließen. Regelmäßige Prüfschleifen und Reflexionen des wissenschaftlichen Handelns, welchen er sich bedient, können dem entgegenwirken. Der Forscher gibt an, in dieser Arbeit keine verborgenen und offenen Interessenskonflikte gehabt zu haben und sich den *Regeln guter wissenschaftlicher Praxis* (vgl. ebd., S. 501ff) zu bedienen.

Das Ergebnis der HSP-Skala beruht auf einer Selbsteinschätzung, die grundsätzlich von einer sozialen Erwünschtheit beeinflusst werden kann. Dieses Phänomen wurde bewusst berücksichtigt, da aktiv Probanden angesprochen wurden, die sich dessen bewusst sind, allerdings die hier verwendete HSP-Skala in dieser Form nicht kannten. Indes könnte ein gewisser ‚Leistungsdruck' auf den jeweiligen Gruppen liegen, besonders auf der Gruppe der HSFK, den Forscher nicht enttäuschen zu wollen. Nachdem sie sich zur Teilnahme an der Studie bereiterklärt haben, könnten sie sich aufgefordert fühlen, ihre Zugehörigkeit zur Gruppe der HSPs durch entsprechendes Ausfüllen des Fragebogens zu bestätigen. Auch ein besonderes Interesse an den Inhalten des Interviewleitfadens könnte zu einem solchen Antwortverhalten geführt haben. Nach Edward (1957), Crowne und Marlowe (1964) und Schuessler (1978) (zitiert aus: Schnell, et al., 2005, S. 355) „[...] passen vor allem Personen mit geringem Selbstbewusstsein ihre Antworten den vermuteten Erwartungen ihrer Interaktionspartner an.“ Unterstellte man den HSFK ein geringes Selbstbewusstsein und dem Interviewer offensichtliche Erwartungen an die Antworten, wäre eine Anpassung der Antworten möglich. Durch eine möglichst empathische Formulierung der Fragen und aktives Mitschwingen während des Interviews wurde versucht, dies zu vermeiden.

Der Forscher legte in der kritischen Reflexion die methodischen Herausforderungen offen und wies auf die Schwächen dieser Studie hin. Die Adäquanz der Methode wird dabei zu keinem Zeitpunkt grundsätzlich in Frage gestellt, sondern Teilbereiche kritisch beleuchtet, da die Methode sich als zweckmäßig im Sinne der Ergebnisgenerierung darstellte. In Anbetracht der kritischen Reflexion und der gewonnenen Daten kann die angewandte Methode als angemessen bezeichnet werden. Die angeführten methodischen Defizite, welche für eine qualitative Exploration in dieser Größenordnung noch im Rahmen des Möglichen sind und durch die transparente Eröffnung des Forschungsablaufs bei aufbauenden Studien behoben werden kann, wirken sich nur bedingt auf das Gesamtergebnis aus und sind im Rahmen der Dynamik qualitativer Forschung. Im Kapitel ‚Implikation für Forschung Praxis‘ wird auf zweckdienliche Verbesserungsvorschläge unter Zuhilfenahme anderer Mittel und mögliche Folgeprojekte hingewiesen.

5.2. Interpretation und Zusammenfassung der Ergebnisse

Unter Beachtung von Methodenkritik und kritischer Reflexion werden in diesem Kapitel die beschriebenen Ergebnisse zusammengefasst und interpretiert. Es finden vor allem die endgültige Beantwortung der vier Forschungsfragen und eine Charakterisierung der Gruppen durch markante Ergebnisse statt. Hierbei ist zu beachten, dass die Ergebnisse aufgrund der geringen Stichprobengröße (HSFK: n=9, non-HSFK: n=8) und einem möglichen Selbstselektionsbias nur begrenzt generalisiert werden können. Insgesamt erscheint die Gruppe der HSFK homogener als die non-HSFK. Dadurch können die non-HSFK nicht so intensiv charakterisiert werden. Sie drücken ebenfalls ihre Gefühle, Emotionen und physischen Äußerungen aus, allerdings sind diese nicht nach den Regeln des Kodierleitfadens zu ordnen. Das Führungsverhalten wird etwas ausführlicher vorgestellt, da die zwei vorherigen Dimensionen dort nochmal inhaltlich Beachtung finden. Es findet eine Verzahnung der Ergebnisse mit dem Theorieteil statt und für die jeweiligen Abweichungen werden Erklärungsversuche angestellt. Die Grundlage dieses Kapitels bilden die Kombination der Ergebnisse von quantitativen und qualitativen Daten und die Unterschiede im intergruppalen Vergleich. Ähnliche Ergebnisse der jeweiligen Indikatoren werden nicht schwerpunktmäßig interpretiert.

5.2.1. Durch welche Merkmale zeichnen sich hochsensible Führungskräfte (HSFK) aus?

Weibliche HSFK haben einen deutlich höheren HSP-Wert als die Männer und treffen insgesamt mehr Aussagen in einem Interview. In ihrer jeweiligen Branche gehen HSFK vor allem lehrenden oder beratenden Tätigkeiten nach. Sie achten darauf, dass sie ihre Tätigkeit mit ihren Werten vereinbaren können. Allein von dem Phänomen hsps erfahren zu haben, stellt für sie ein einschneidendes und verhaltensveränderndes Erlebnis dar. Seitdem versuchen sie, durch hsps ihre Lebenswelt zu erklären. Bezüglich des Umgangs mit ihren MA ist es ihnen besonders wichtig, dass dieser ehrlich ist. Sie wollen sich auf ihre MA verlassen können und eine offene ‚Kultur' pflegen. Neben neurotizistischen Eigenschaften, durch welche sie sich selbst beschreiben, zählen sie besonders Eigenschaften der Verträglichkeit auf.

Die Gruppe der non-HSFK hat einen deutlich geringeren HSP-Wert, bei dem es im Geschlechterverhältnis auch keine nennenswerten Unterschiede gibt. Bezüglich der Summe der Codings gibt es keine markanten Geschlechtsunterschiede. Es bleibt zu erwähnen, dass die Frauen in dieser Studie eine geringere Standardabweichung bei den Codings haben, als die Männer, d.h. in den bisher genannten Kriterien sind die non-HSFK homogener. Heterogener sind die Branchen und damit verbundenen Tätigkeiten, bei denen keine bedeutsamen hsps-relevanten Gemeinsamkeiten aufzufinden sind, um sie von den HSFK abzugrenzen.

Ihren MA gegenüber haben sie eine hohe Leistungsbetonung, erwarten vor allem Gewissenhaftigkeit und kommunizieren eine Hierarchie zwischen ihnen und den MA.

Es konnten HSFK-spezifische Merkmale herausgefunden werden, die diese Gruppe von der Kontrollgruppe deutlich abgrenzen. Neben den oben genannten, sind besonders die inneren Prozesse über das Wissen von dem Phänomen betroffen. Weitere Merkmale können durch Folgestudien festgestellt werden.

5.2.2. Was bedeutet ‚Führung' für HSFK?

In ihren Vorstellungen über Führungsprinzipien spiegeln sich teilweise die Merkmale der HSFK wider. Sie sehen sich und ihre MA auf derselben Augenhöhe und fordern diesen Teamgedanken auch ein. Dabei sehen sie sich weniger in führender, als in begleitender Funktion. Doch neben dem Ausblenden von Hierarchie ist es besonders der verträgliche und offene Umgang mit den MA, d.h. menschlich, ehrlich und gerecht, der bei ihnen im Fokus steht. Daraus lässt sich schließen, dass sie bei ihren MA vor allem auf Beziehungsarbeit bedacht sind. Sie geben zwischenmenschlichen Deutungsfähigkeiten (Empathie, Sozialkompetenz) viel Platz in ihrem Führungsdenken, da dies bei ihnen die höchste Priorität hat. Neben dieser Kompetenz ist es auch wieder eine freundliche und humorvolle Stimmung, d.h. dass MA und FK gern zu Arbeit kommen, die sie erstreben. Die HSFK haben die subjektive Theorie, dass ihre MA nicht die Sensibilität haben ihre Emotionen und Gefühle zu deuten und scheinen daher die Menschheit in Hochsensible und nicht-Hochsensible aufzuteilen.[135] Es scheint, als sei die Voraussetzung für Arbeit ein gesundes Verhältnis, das auf Beziehungsarbeit beruht. Sie sehen Führung im Ideal auch mit charismatischen und durchsetzenden Anteilen (siehe Kapitel 5.2.3.). Von idealen MA erwarten sie die Eigenschaften, die sie

---

135 Dies hätte bei häufigeren Nennungen ein Hinweis für selbsterfüllende Prophezeiung sein können. „Als selbsterfüllende Prophezeiung bezeichnet man den Vorgang, bei dem die Erwartungen, die eine Person über eine andere hat, ihr Verhalten dem anderen gegenüber beeinflussen, woraufhin der andere sich konform zu den ursprünglichen Erwartungen verhält und damit die Erwartungen erfüllt." (Aronson, et al., 2008, S. 66)

von FK fordern (außer die letztgenannten Anteile). Die nicht-idealen Beschreibungen entsprechen jeweils den Negierungen der Idealen und bestärken die schon genannten Charakterisierungen. Sie werden durch autoritäre und manipulative Eigenschaften ergänzt. Man darf vermuten, dass sie von MA Engagement, Fachkompetenz und Übernahme von Verantwortung fordern, weil sie das nicht delegieren wollen oder können.

Das Bild der Bedeutung von Führung für die Gruppe der non-HSFK ist sehr heterogen, daher fällt diese Interpretation etwas kürzer aus. Non-HSFK haben ein direktiveres Führungsverständnis und sehen sich in einer MA motivierenden und überzeugenden Rolle (sie bei Laune halten). Neben den verträglichen Beschreibungen bedienen sie sich auch autoritären Darstellungen von Führung. Nicht-ideal ist für sie, wenn eine FK nicht führt, d.h. führungsunfähig ist oder kein Alphatier ist. Auch sie legen Wert auf einen offenen Umgang und Spaß an der Arbeit. Sie betrachten ihre Arbeit stärker aus der Leistungs- und ihre MA aus der Kosten-Nutzen-Perspektive, als die HSFK. Wahrscheinlich ist dies durch die fünf Unternehmer in der Stichprobe beeinflusst, die von den MA fordern, dass sie für ihren Job auf Privates verzichten. Non-HSFK glauben, dass sich MA von ihrer FK besonders Wertschätzung und Verantwortungsübertragung/ Mitbestimmungsrecht wünschen.

Die Fragestellung konnte für die Gruppe der HSFK beantwortet werden. Nochmal hervorzuheben sind ‚zwischenmenschlichen Deutungsfähigkeiten' und die ‚freundliche und humorvolle Stimmung' als Voraussetzung für Arbeit in ihrem Führungsverständnis. Für die Kontrollgruppe konnte aufgrund der Heterogenität der Beschreibungen nur ein Umriss interpretiert werden.

5.2.3. Wie führen HSFK (Führungsverhalten)?

Das Führungsverhalten von HSFK ist in zwei verschiedene Ausgangslagen zu unterteilen. Besonders gute Erlebnisse haben sie, wenn sie sich mit ihrem Führungsdenken für MA einsetzen können und ihre getane Arbeit sehen, bspw. durch die Steuerung der Entwicklung eines MA oder Teams. Die Erlebnisse ordnen sie ihrer Leistung zu. Lob als besonders gutes Erlebnis wird seltener genannt. Dabei berücksichtigen sie die MA, z.B. durch ‚infizierende' Motivation oder ihre vorbildliche Haltung/ Vorleben, genauso wie sich selbst, z.B. durch das Aushalten von schwierigen Situationen und dem Ehrgeiz, das Ziel erreichen zu wollen. Besonders schlechte Erlebnisse werden gleichverteilt durch das Verhalten von MA, Vorgesetzten oder der HSFK selbst ausgelöst. Dieses Ergebnis gibt Grund zur Interpretation einer selbstwertdienlichen Attribution. „Einfach ausgedrückt beziehen sich diese Attributionen auf unsere Tendenz, Erfolge für uns selbst in Anspruch zu nehmen (durch internale Attribution), unsere Misserfolge aber anderen oder der Situation vorzuwerfen." (Carver et al., 1975; Miller & Ross, 1975; Pronin et al., 2002; Robins & Beer, 2001 zitiert aus: Aronson, et al., 2008, S. 116) Das ist eine Möglichkeit, sein Selbstwertgefühl aufrecht zu erhalten (vgl. Aronson, et al., 2008, S. 117f). Thematisch werden die schlechten Erlebnisse auch dadurch ausgelöst, wenn Dritte oder man selbst gegen das eigene Wertesystem verstoßen. Daraufhin kann es dazu kommen, dass die HSFK reaktant handelt, bspw. indem sie gegen Mobber vorgeht. Hochsensibel auf einer Skala zu sein schließt dann nicht aus, auch gelegentlich unsensibel gegenüber seinen MA zu sein. Allerdings sprechen die Verhaltensmuster[136] dafür, dass dadurch Unsicherheit und Überforderung ausgelöst werden und sie die intensiven negativen Gefühle und Emotionen auf sich kanalisieren (vgl. Aron, 2014, S. 77ff). Dadurch folgen Konzentrationsstörungen und emotionale Reaktionen. Die Emotionen (Ärger, Furcht, Trauer) äußern sich dabei auch physisch durch Herzrasen, roten Kopf oder Weinen. Um das zu vermeiden, achten sie in Situationen vor allem auf die Stimmung in einem Raum, von der sie ihr Handeln abhängig machen. Um sich selbst Zeit zu verschaffen und Reaktionen intensiv zu überdenken, vermeiden sie eigene Handlungen in spontanen Konfrontationen und vertagen sie lieber. Das gehört zu einem erlernten Verhaltensrepertoire. Dazu gehört es vor allem Reize zu vermeiden. Werden dennoch Emotionen ausgelöst, wird vermieden, dass Dritte diese sehen. Hsps ist, wenn es im Verhaltenskontext betrachtet wird, neben dem Verhalten mit den MA auch aus der Selbst-Perspektive der

[136] ‚Durchsetzungsvermögend, charismatisch und führend', wie in der Bedeutung für Führung, konnte hier nicht bestätigt werden.

HSFK zu deuten. In dieser Selbstachtsamkeit achtet sie auf Stimmungen, ihre eigenen Reaktionen und die daraus resultierenden Bedeutungen. Eine Theorie, die dieses Verhalten abbildet, ist die vielfach untermauerte Selbstwahrnehmungstheorie, welche aus der Attributionsforschung stammt: „Diese Theorie postuliert, dass wir unsere Einstellungen und Gefühle, sofern sie schwer zugänglich und vieldeutig sind, durch die Beobachtung unseres Verhaltens und der Situation, in der dieses Verhalten auftritt, erschließen." (Ebd., S. 141) Dabei befindet sich die HSFK in ständiger hermeneutischer Selbstbetrachtung unter Einbezug ihres Führungsverständnisses, jedoch lassen sie das andere nicht sehen. Sie legen selbst so viel Wert auf ein freundliches Organisationsklima und gesunden Umgang, weil das ihre ‚Achillesferse' zu sein scheint. Aus dem gegenseitigen Abgleich der Summe der Ergebnisse lässt sich schließen, dass ihre subjektiven Führungstheorien ihr Führungsverhalten beeinflussen.

Für non-HSFK haben besonders gute Erlebnisse im Führungskontext vor allem mit Lob, von MA und Dritten, sowie ihrer erbrachten (Team-) Leistung zu tun. Das erreichen sie dadurch, dass sie MA-bezogene Verhaltensmuster zeigen, d.h. viel auf die MA einwirken. Besonders schlechte Erlebnisse werden für sie vornehmlich durch persönliches Verhalten ausgelöst. In der provokanten Situation gehen sie auf Konfrontation mit den MA und wollen vor Ort, entweder in der Gruppe oder im Einzelgespräch, eine Lösung oder zumindest die Klärung des Problems herbeiführen. Dabei haben sie Selbstzweifel und hinterfragen sich. Sie berichten ebenfalls von Vermeidungsverhalten, emotionaler Reaktivität und dadurch verursachten physischen Äußerung, allerdings von der Intensität und Anzahl und Struktur der Nennungen nicht vergleichbar mit denen der HSFK. Nicht- hochsensibel auf einer Skala zu sein, schließt einen sensiblen Umgang mit seinen MA nicht aus.

Unter Vorgabe der provokanten-‚HSP-Situation' und den selbstgewählten Critical Incidents, konnten die HSFK ihr jeweiliges Verhalten äußern. Aus diesen Verhaltensweisen wurden Muster abgeleitet, die hier miteinander kombiniert und mit den anderen Dimensionen abgeglichen wurden. Es stellte sich als zentrales Ergebnis heraus, dass ihre subjektiven Führungstheorien handlungswirksam auf ihr berichtetes Verhalten sind. „Die Gewichtung einzelner subjektiv-theoretischer Inhalte steht also im Zusammenhang mit dem tatsächlichen Führungsverhalten." (Aretz, 2007, S. 397)

5.2.4. Gibt es Anzeichen für einen hsps-Führungsstil?

Die HSFK berichten von Führungsstilen, die sich in die vom Forscher entwickelten Kategorien ‚kooperativ', ‚partnerschaftlich' und ‚anspruchsvoll' einordnen lassen. Von der Entdeckung eines hsps-Führungsstils kann allerdings nicht die Rede sein. Dafür fehlen weitere Studien, die aus dem tatsächlichen Verhalten in verschiedensten Situationen (Problem-/ und Stärkenorientierung) gemeinsame Muster erschließen, die mit MA-Aussagen abgeglichen werden sollten. Es konnte jedoch eine Idee entwickelt werden, die auf einen evtl. Stil Hinweise gibt. Man könnte behaupten, dass d*as Führungshandeln vom Ergebnis des Abgleichs der jeweiligen situationsbedingten Stimmung und der eigenen Stimmung mit der evtl. daraus resultierenden Gefahr für die HSFK abhängig ist.* Die Stimmung der Situation ist ein wesentlicher Faktor, der zur Erreichung von Ergebnissen beiträgt, wobei die Stimmung der Situation kontextabhängig ist.

5.3. Implikationen für Forschung und Praxis

In weiteren Forschungsbemühungen könnten umfangreichere Ansätze verfolgt werden, die die tatsächliche Ausübung der Führung HSFK durch die Befragung ihrer MA, evtl. im Rahmen von Gruppendiskussionen, beleuchten. Eine intragruppale Betrachtung der Probanden und ihrer individuellen subjektiven Theorien könnten in Anbetracht der erwähnten *sozialpsychologischen Theorien* (selbsterfüllende Prophezeiung, selbstwertdienliche Attribution, Selbstwahrnehmungstheorie) weitere Erkenntnisse liefern. Während dieser Bemühungen wäre eine intensivere Beachtung der Intercoderrealiabilität wünschenswert. Zusätzlich könnten die Daten aus der HSP-Skala auf Korrelationen mit den jeweiligen Codingsummen überprüft werden, um weitere Erkenntnisse zu gewinnen. Es wird auch an andere Wissenschaftsdisziplinen gedacht, die dieses Phänomen mit Hilfe dezidierterer Transkriptionsregeln auf sprachliche Besonderheiten untersuchen könnten, bspw. den häufigen Gebrauch der wörtlichen Rede inhaltsanalytisch auswerten. Aus arbeitspsychologischer Sichtweise wären mehr und detailliertere Beispiele dafür erstrebenswert, wann sich hsps förderlich und wann hemmend auf den Arbeitsalltag auswirkt.

Grundsätzlich sollten, um die Grundlagenforschung auszuweiten, Studien mit HSPs durchgeführt werden, die nicht davon wissen, dass sie von diesem Phänomen betroffen sind. Daran schließt sich an, dass ein Versuchsaufbau, bei dem möglicherweise Primingeffekte eine Rolle spielen könnten, überdacht werden sollte. Dies könnte zum Anlass genommen werden, ein Primingexperiment anhand eines Zweigruppen-Designs (VG/ KG) als Kontrollstudie zu planen, mit dem die HSP-Skala oder Anweisungen zum Umgang mit Hochsensibilität, wie sie in populärwissenschaftlicher Literatur zu finden sind, als Reiz eingesetzt werden. Um zuvor die Bedeutung von ‚hochsensibel' wissenschaftlich zu erschließen, wäre ein semantisches Differential mit einer repräsentativen Stichprobe wünschenswert. Eine naive Erschließung der Quellenlage ist, aufgrund der monetären Wertschöpfung einiger Autoren und Forscher, die mit populärwissenschaftlicher Literatur esoterische Schnittmengen finden, nicht empfehlenswert. Daher ist vornehmlich auf Forschungsbeiträge zu verweisen, die das Thema hsps unter Berücksichtigung der Falsifikationskriterien untersuchten.

Generell sollten subjektive Theorien im Unternehmenskontext eine größere Beachtung finden. Besonders die subjektiven Führungstheorien von Führungskräften sind für verschiedenste Kontexte relevant. Es wäre möglich, sie u.a. im Rahmen von Führungskräfteentwicklungen und Organisationsentwicklung zu thematisieren, um so viele Informationen wie möglich zu explizieren. Damit könnte bspw. gezielt auf Widerstände in Veränderungsprozessen oder die Auswahl von Führungskräfteschulungen eingegangen werden. Der Forscher, welcher dafür eintritt, dass Wissenschaftler Verantwortung für die Ergebnisse ihrer Studien übernehmen müssen, gibt zu bedenken, dass nicht nur die Ergebnisse selbst, sondern auch die Konfrontation der FK mit Fragen, die ihnen bisher noch nie gestellt wurden oder sie sich selbst bisher noch nie gestellt haben, Reflektionsprozesse in Gang setzen können. Die Explikation von subjektiven Theorien findet in den unterschiedlichen Fragetechniken seine Schnittmenge mit der systemischen Beratung. Der Forschungsleiter sowie die jeweiligen Interviewer sollten sich dieser Verantwortung bewusst sein.

Die in dieser explorativen Arbeit generierten Ergebnisse könnten im Sinne eines stärkenorientieren Intangible[137] Management Konzepts Anwendung finden. Die Charakterisierung der HSFK könnte von Personalabteilungen zum Anlass genommen werden, auf FK zu achten, die beschriebene Verhaltensweisen bei Überreizungen aufzeigen, um mit ihnen gemeinsam Wege zu finden, ihre (empathischen) Führungsfähigkeiten voll zum Einsatz zu bringen, bspw. durch Coaching oder Erlernen von Bewältigungstechniken. Organisationen, die ein wertschätzendes Klima pflegen und nach FK suchen, die empathisch auf die Gefühle ihrer MA achten, sind gut damit beraten HSFK zu rekrutieren. Generell ist es allerdings etwas früh, aus einer theoretischen Herleitung einer praktischen Relevanz globale Handlungsanweisungen abzuleiten, da noch zu wenig Studien vorhanden sind, die eine Konkretisierung im Organisationskontext erlauben.

Es könnten gewiss punktuell, unter wissenschaftlicher Begleitung, vorsichtige Sensibilisierungen in Organisationen vorgenommen werden, um eine engere Verknüpfung dieses Konstrukts (hsps) mit dem Unternehmenskontext zu fördern. Es empfiehlt sich aber den Begriff ‚hochsensibel', bei Beachtung der berichteten Semantik und Konnotation des Begriffs im Sinne des Eigenschutzes der betroffenen Personen gründlich zu überdenken und diskret zu verwenden. Stattdessen könnte der Begriff *Wahrnehmungsbegabung (WB)* Verwendung finden.

Abschließend kann gesagt werden, dass das Thema der Hochsensibilität bei Führungskräften bzw. bei Mitarbeitern über ein hohes Potential für zukünftige Forschung verfügt. Diese sollte jedoch durch eine einheitliche Definition der Begrifflichkeiten und eine Sensibilisierung im Unter-

---

137 Engl.: immaterieller Vermögenswert

nehmenskontext vorbereitet werden. Auf lange Sicht könnte das Thema so einen festen Platz in der Führungsforschung mit weitreichenden praktischen Implikationen erlangen.

Literaturverzeichnis

Albrecht, B. (2006). *Implizite Führungstheorien in der empirischen Forschung. Eine Untersuchung empirischer Studien zu Impliziten Führungstheorien.* Chemnitz: Professur für Organisation und Arbeitswissenschaft/ TU Chemnitz.

Althaus, D. (1979). *Zur Psychopathologie des Alltagslebens am Arbeitsplatz.* Frankfurt/Main: Campus.

Aretz, W. (2007). *Subjektive Führungstheorien und die Umsetzung von Führungsgrundsätzen im Unternehmen. Eine Analyse bisheriger Forschungsansätze, Modellentwicklung und Ergebnisse einer empirischen Untersuchung.* Köln: Kölner Wissenschaftsverlag.

Aron, E. N. (2000). *The highly sensitive person in love.* New York: Broadway.

Aron, E. N. (2006). *Hochsensibilität in der Liebe.* Heidelberg: mvgVerlag.

Aron, E. N. (2014). *Hochsensible Menschen in der Psychotherapie.* Paderborn: Junfermann Verlag.

Aron, E. N., & Aron, A. (1997). Sensory-Processing Sensitivity and Its Relation to Introversion and Emotionality. *Vol. 73, No. 2.*

Aronson, E., Wilson, T. D., & Akert, R. M. (2008). *Sozialpsychologie.* München: Pearson Studium.

Axelrod, R. (1976). *Structure of Decision. The Cognitive Maps of Political Elites.* Princeton: Princeton University Press.

Bass, B. M. (1981). *Stogdill's Handbook of Leadership.* New York: The Free Press.

Battistelli, P. P. (2010). *Erwin Rommel.* Oxford: Osprey Publishing.

Beck, D., & Fisch, R. (2009). *Subjektive Theorien von Führungskräften über die Gestaltung von Veränderungsprozessen in der öffentlichen Verwaltung.* Speyer: Deutsches Forschungsinstitut für öffentliche Verwaltung Speyer.

Becker, D. (2005). *Intangible Assets in der Unternehmenssteuerung* (1. Ausg.). Wiesbaden: Gabler.

Becker, R. (2008). *Interindividuelle Auswirkungen von Schlafentzug. Eine experimentelle Untersuchung mit peripherphysiologischen, subjektiven und leistungsbezogenen Komponenten.* Berlin: FACHBEREICH ERZIEHUNGSWISSENSCHAFT UND PSYCHOLOGIE DER FREIEN UNIVERSITÄT BERLIN .

Behrendt, H., & Reckert, W. (2004). *Führen mit Persönlichkeit.* Renningen: Expertverlag.

Bergner, S., & Rybnicek, R. (2015). Führungsforschung aus neurowissenschaftlicher Sicht. In J. Felfe (Hrsg.), *Trends der psychologischen Führungsforschung. Neue Konzepte, Methoden und Erkenntnisse* (S. 543-565). Göttingen: Hogrefe.

Biedermann, C. (1989). *Subjektive Führungstheorien: die Bedeutung guter Führung für Schweizer Führungskräfte.* Bern/ Stuttgart: Hauptverlag.

Blach, C., & Egger, J. W. (2014). Hochsensibilität - ein empirischer Zugang zum Konstrukt der hochsensiblen Persönlichkeit. *Psychologische Medizin, Österreichische Fachzeitschrift für Medizinische Psychologie, Psychotherapie und Psychosomatik*(3).

Blumentritt, L. (2012). *High sensory-processing sensitivity. Eine empirisch-quantitative Studie zu Hochsensitivität.* Norderstedt: Books on Demand GmbH.

Bodden, M. (2010). *Affektive und kognitive Theorie of Mind-Leistungen bei Patienten mit Basaganglien-Erkrankungen.* Marburg/Lanhn: Philipps-Universität Marburg.

Bohnsack, R., Marotzki, W., & Meuser, M. (2003). *Hauptbegriffe Qualitativer Sozialforschung.* Opladen: Leske und Budrich.

Bornemann, M., & Reinhardt, R. (2008). *Handbuch Wissensbilanz. Unsetzung und Fallstudien.* Berlin: Erich Schmidt.

Borries, F. (2012). *Gibt es 'die Hochsensiblen? - Eine taxometrische Untersuchung des Persönlichkeitskonstruktes Sensory-Processing Sensitivity.* Bielefeld.

Bortz, J. (2005). *Statistik für Human- und Sozialwissenschaftler.* Heidelberg: Springer Medizin Verlag.

Bortz, J., & Döring, N. (2006). *Forschungsmethoden und Evaluation für Human- und Sozialwissenschaftler.* Heidelberg: Springer Medizin Verlag.

Bortz, J., & Lienert, G. A. (2008). *Kurzgefasste Statistik für die klinische Forschung. Leitfaden für die verteilungsfreie Analyse kleiner Stichproben.* Heidelberg: Springer Medizin Verlag.

Brodbeck, F., & Eisenbeiss, S. A. (2015). Führung im interkulturellen Kontext. In J. Felfe (Hrsg.), *Trends der psychologischen Führungsforschung. Neue Konzepte, Methoden und Erkenntnisse* (S. 455-465). Göttingen: Hogrefe.

Bruch, H., Krummaker, S., & Vogel, B. (2006). *Leadership - Best Practises und Trends* (1. Ausg.). Wiesbaden: Gabler.

Bundesministerium für Familie, Senioren, Frauen und Jugend. (2008). *Führungskräfte-Monitor* (1 Ausg.). Baden-Baden: Nomos.

Charpentier, M.-T. (2010). *Indian Female Gurus in Contemporary Hinduism. A Study of Central Aspects and Expressions of Their Religious Leadership.* Pargas, Finland: Abo Akademi University Press.

Chen, C., Chen, C., Moyzis, R., Stern, H., He, Q., Li, H., . . . Dong, Q. (2011). Contributions of Dopamin-Related Genes and Environmental Factors to Highly Sensitive Personality: A Multi-Step Neuronal System-Level Approach. *plos one, 6*(7).

Chen, X., Rubin, K., & Sun, Y. (1992). Social Reputation and Peer Relationsships in Chinese and Canadian Children. *Child Development, 64*(6), 1336-1343.

Costa, P., & McCrae, R. (1992). *Revised NEO Personality Inventory (NEO PI-R) and NEO Five Factor Inventory (NEO-FFI). Professional manual.* Florida, Odessa: Psychological Assessment Resources.

Covey, S. R. (1993). *Die effektive Führungspersönlichkeit.* Frankfurt/Main: Campus.

Covey, S. R. (2008). *Die effektive Führungspersönlichkeit* (4 Ausg.). Frankfurt a.M.: Campus.

Cox, D., & Hoover, J. (1992). *Führungsqualität in Krisenzeiten.* München Wien: Carl Hanser Verlag.

Creusen, U., & Müller-Seitz, G. (2010). *Das Positive-Leadership-GRID. Eine Analyse aus Sicht des Positiven Management* (1. Ausg.). Wiesbaden: Gabler.

Creusen, U., Eschemann, N.-R., & Johann, T. (2010). *Positive Leadership. Psychologie erfolgreicher Führung. Erweiterte Strategien zur Anwendung des Grid-Modells* (1. Ausg.). Wiesbaden: Springer.

Demas, J. (2006). *Historisches für Führungskräfte.* München: Rudolf Haufe.

Dobner, E. (1997). *Wie Frauen führen. Innovation durch weibliche Führung.* Heidelberg: I. H. Sauer-Verlag.

Domsch, M. E., & Lichtenberger, B. (2003). Der internationale Personaleinsatz. In M. Domsch (Hrsg.), *Führung von Mitarbeitern* (S. 513-523). Stuttgart: Schäffel Poeschel.

Dorfmann, P. W., Hanges, P. J., & Brodbeck, F. C. (2004). Leadership and Cultural Variation. The Identification of Culturally Endorsed Leadership Profiles. In R. J. House, P. J. Hanges, M. Javidan, P. W. Dorfman, & V. Gupta (Hrsg.), *Culture, Leadership, and Organizations. The GLOBE Study of 62 Societies* (S. 669-719). Thousand Oaks, London, New Delhi: Sage Publications.

Dürndorfer, M., Nink, M., & Wood, G. (2005). *Human-Capital-Management in deutschen Unternehmen. Eine Studie von Gallup und The Value Group* (1. Ausg.). Hamburg: Murmann Verlag.

Elprana, G., & Hernandez Bark, A. S. (2015). Frauen in Führungspositionen - Aktuelle Förderansätze. In J. Felfe (Hrsg.), *Trends der psychologischen Führungsforschung* (S. 441-451). Göttingen: Hogrefe.

Felfe, J. (2015). *Trends der psychologischen Führungsforschung.* Göttingen: Hogrefe.

Fiedler, F. E., Chemers, M. M., & Mahar, L. (1979). *Der Weg zum Führungserfolg. Ein Selbsthilfeprogramm für Führungskräfte.* Stuttgart: J.B. Metzlersche Verlagsbuchhandlung und Carl Ernst Poeschl Verlag.

Flick, U. (2002). *Qualitative Sozialforschung, Eine Einführung.* Rainbek bei Hamburg: Rowohlt Taschenbuch Verlag.

Flick, U. (2009). *Sozialforschung. Methoden und Anwendungen. Ein Überblick für die BA-Studiengänge.* . Reinbek bei Hamburg: Rowohlt-Taschenbuch-Verlag.

Flick, U., von Kardoff, E., & Steinke, I. (2005). *Qualitative Forschung.* Rowohlt Taschenbuch Verlag.

Flick, U., von Kardoff, E., Keupp, H., von Rosenstiel, L., & Wolff, S. (1991). *Handbuch Qualitative Sozialforschung.* München: Psychologie Verlags Union.

Förstl, H. (2012). *Theory of Mind. Neurobiologie und Psychologie sozialen Verhaltens.* Berlin/Heidelberg: SpringerMedizin.

Freud, S. (2013). *Massenpsychologie und Ich-Analyse* (3. Ausg.). Hamburg: Nikol.

Gearhart, C. C. (2012). *Communicating while stimulated: the effects of sensory-processing sensitivity on behavior and relationships.* Louisiana: Louisiana State University.

Goleman, D. (2007). *Emotionale Intelligenz.* München: dtv.

Goos, G., & Hansen, K. (1999). *Frauen in Führungspositionen, Erfahrungen Ziele Strategien.* Münster : Waxmann.

Gordon, N. J., & Fleisher, W. L. (2011). *Effective Interviewing and Interrogation Techniques.* Croydon: Elsevier Ltd. .

Gosling, J., Jones, S., Sutherland, I., & Dijkstra, J. (2012). *Key Concepts in Leadership.* Sage.

Haller, R. (2014). *Low Performance. Aktivierung von Mitarbeitern mit reduziertem Leistungsprofil* (1. Ausg.). Freiburg: haufe.

Hansen, K. (2011). *Frauen in Führungspositionen. Kompetenz, Widerstandsfähigkeit, Erfolg.* Berlin: Cornelsen.

Heintze, A. (2013). *Außergewöhnlich normal: Hochbegabt, hochsensitiv, hochsensibel: Wie Sie Ihr Potential erkennen und entfalten.* Ariston.

Helgesen, S. (1991). *Frauen führen anders. Vorteile eines neuen Führungsstil.* Frankfurt/Main: Campus.

Hentze, J., & Brose, P. (1990). *Personalführungslehre. Grundlagen, Führungsstile, Funktionen und Theorien der Führung* (2. Ausg.). Bern, Stuttgart: Paul Haupt.

Hesse, J., & Schrader, H. C. (1994). *Die Neurosen der Chefs. Die seelischen Kosten der Karriere.* Frankfurt am Main: Eichborn.

Hinterhuber, H. H., & Krauthammer, E. (2001). *Leadership - mehr als Management. Was Führungskräfte nicht delegieren dürfen.* (3 Ausg.). Wiesbaden: Gabler.

Hoffmeister, E. (2012). Warum ich weiß, was du denkst - Hochsensibilität und soziale Perspektivenübernahme. *Diplomarbeit im Studiengang Psychologie.* Bonn.

Hofmann, S. G., & Bitran, S. (2007). Sensory-processing sensitivity in social anxiety disorder: Relationship to harm avoidance and diagnostic subtypes. *J Anxiety Disord., 21*(7), 944-954.

Höft, S., & Funke, U. (2006). Simulationsorientierte Verfahren der Personalauswahl. In H. Schuler (Hrsg.), *Lehrbuch der Personalpsychologie* (S. 146-187). Göttingen: Hogrefe.

Höhn, A. (2013). *Erfolgreiche Führung im 3. Jahrtausend. Führen - Handeln - Verantworten.* Wiesbaden: Springer Gabler.

Hollederer, A., & Brand, H. (2006). *Arbeitslosigkeit, Gesundheit und Krankheit.* Bern: Verlag Hans Huber, Hogrefe AG.

Homma, N., & Bauschke, R. (2010). *Unternehmenskultur und Führung. Den Wandel gestalten - Methoden, Prozesse, Tools.* Wiesbaden: Gabler Verlag/ Springer Fachmedien Wiesbaden.

Howard, P. J., & Howard, J. M. (2001). *Führen mit dem Big-Five-Persönlichkeitsmodell. Das Instrument für optimale Zusammenarbeit.* Frankfurt/Main: Campus.

Hub, H. (1990). *Unternehmensführung. Praxisorientierte Darstellung.* (3. Ausg.). Wiesbaden: Gabler.

Huber, D., Meleghy, T., Morel, J., Preglau, M., Tafertshofer, A., & Titscher, E. (1980). *Führungsforschung. Kritische Beiträge.* . Göttingen: Hogrefe.

Illig, T. (2013). *Die stärkenfokussierte Organisation.* Stuttgart: Schäffer-Poeschel Verlag.

Jagiellowicz, J. A. (2012). *The Relationship between the Temperament Trait of Sensory Processing Sensitivity and Emotional Reactivity.* Stony Brook University.

Jahoda, M. (1982). *Employment and Unemployment: A Social-Psychological Analysis.* Cambridge: Cambridge University Press.

Jahoda, M. (1995). *Wieviel Arbeit braucht der Mensch? Arbeit und Arbeitslosigkeit im 20. Jahrhundert.* Weinheim: Psychologie Verlags Union.

Jane's. (2009). Al-Qaeda's Senior Leadership (AQSL). *Jane's Strategic Advisory Services*(November).

Kets de Vries, M. F. (1990). *Chef-Typen. Zwischen Charisma und Chaos, Erfolg und Versagen.* Wiesbaden: Gabler.

Kets de Vries, M. F. (1998). *Führer, Narren und Hochstapler. Essays über die Psychologie der Führung.* Stuttgart: Verlag Internationale Psychoanalyse.

Kets de Vries, M. F. (2004). *Führer, Narren und Hochstapler. Die Psychologie der Führung.* Stuttgart: Klett-Cotta.

Kindl-Beilfuß, C. (2010). *Fragen können wie Küsse schmecken. Systemische Fragetechniken für Anfänger und Fortgeschrittene* (2. Ausg.). Heidelberg: Carl-Auer-Systeme.

Kitayama, S., Snibbe, A. C., Markus, H. R., & Suzuki, T. (2004). Is There Any "Free" Choice? Self and Dissonance in Two Cultures. *Psychological Science, 15*(8), 527-533.

Klicpera, C. (2009). *Einführung in die Psychopathologie* (1. Ausg.). Wien: Facultas.

Koelbl, H. (2000). *Spuren der Macht. Die Verwandlung des Menschen durch das Amt. Eine Langzeitstudie* (3 Ausg.). München: Knesebeck.

König, K. (2011). *Arbeit und Persönlichkeit.* Frankfurt a.M.: Brandes & Apsel.

Krause, D. G. (2007). *Die Kunst des Krieges für Führungskräfte. Sun Tzus Weisheiten - aufbereitet für die heutige Geschäftswelt.* Heidelberg: Redline Wirtschaft.

Krczal, A., Kehrer, A., Kasper, H., & Sandner, K. (1982). *Sozialpsychologische Aspekte der Führungsforschung.* Wien: Service-Fachverlag.

Krüger, W. (2009). *Führen. Jetzt! Leadership in stürmischen Zeiten.* . München: Rudolf Haufe Verlag.

Kunczik, M. (1972). *Führung. Theorien und Ergebnisse* (1. Ausg.). Düsseldort, Wien: Econ Verlag.

Kunz, G. C. (2012). *Neu in der Führungsrolle. So behaupten Sie sich und setzen gezielt Akzente.* München: deutscher Taschenbuch Verlag.

Lakoff, G., & Wehling, E. E. (2008). *Auf leisen Sohlen ins Gehirn.* Heidelberg: Carl-Auer-Systeme Verlag.

Lang, R., & Rybnikova, I. (2014). *Aktuelle Führungstheorien und -konzepte.* Wiesbaden: Springer Gabler.

Lefèvre, W. (2009). *Die Entstehung der biologischen Evolutionstheorie.* Frankfurt am Main: Suhrkamp.

Lehky, M. (2011). *Leadership 2.0 Wie Führungskräfte die neuen Herausforderungen im Zeitalter von Smartphone, Burnout & Co managen.* Frankfurt am Main: Campus.

Lengyel, R. (2013). *Wirtschaftsfaktor: Hochsensibilität. Wahrnehmung und Einschätzung von Hochsensibilität im Beruf.* Waldneukirchen: Verlag Pesermo.

Licht, C., L., M. E., & Knudsen, G. M. (2011). Association between sensory processing sensitivity and the serotonin transporter polymorphism 5-HTTLPR short/short genotyp. *69*.

Liebsch, B. (2008). *Menschliche Sensibilität. Inspiration und Überforderung* (1. Ausg.). Göttingen: Velbrück Wissenschaft.

Lippmann, E. (2013). *Coaching.* Heidelberg: Springer-Verlag.

Liss, M., Timmel, L., Baxley, K., & Killingsworth, P. (H. 8. Jg. 39 2005). Sensory processing sensitivity and its relation to parental bonding, anxiety and depression. *Personality and Individual Differences*, S. 1429-1439.

Luhmann, N. (2003). *Einführung in die Systemtheorie.* Heidelberg: Carl-Auer-Systeme Verlag.

Manz, C. C. (1999). *Jesus als Manager. Neue Dimensionen christlicher Ethik.* Bern: Fischer Media.

Masuda, T., & Kitayama, S. (2003). Perciever-induced constraint and attitude attribution in Japan and the US: A case for the cultural dependence of the correspondence bias. *Journal of Experimental Social Psychology*, xxx-xxx.

Matzler, K., & Pechlaner, H. (2014). *Strategie und Leadership.* Wiesbaden: Springer Fachmedien.

Mayer, H. O. (2013). *Interview und schriftliche Befragung, Grundlagen und Methoden empirischer Sozialforschung.* München: Oldenbourg Wissenschaftsverlag GmbH.

Mayring, P. (2002). *Einführung in die qualitative Sozialforschung.* Weinheim: Beltz.

Mayring, P. (2015). *Qualitative Inhaltsanalyse. Grundlagen und Techniken* (12. Ausg.). Weinheim und Basel: Beltz Verlag.

Meleghy, T. (1980). Die Kontingenztheorie effektiver Führung nach Fiedler. In J. Morel, T. Meleghy, & M. Preglau (Hrsg.), *Führungsforschung. Kritische Beiträge* (S. 76-119). Göttingen: Hogrefe.

Mendenhall, M. E., Osland, J. S., Bird, A., Oddou, G. R., Maznevski, M. L., Stevens, M. J., & Stahl, G. K. (2013). *Global Leadership. Research, Practise, and Development* (2 Ausg.). New York: Taylor & Francis.

Mey, G. (2005). *Handbuch. Qualitative Entwicklungspsychologie.* Köln: Kölner Studien Verlag.

Milam, R. (2003). *Not a Gentleman's war.* North Carolina: The University of North Carolina Press.

Mintzberger, H. (1973). *The Nature of Managerial Work.* New York.

Nerdinger, F. W. (2008). *Unternehmensschädigendes Verhalten erkennen und verhindern.* Göttingen: Hegrefe.

Nerdinger, W. F., Blickle, G., & Schaper, N. (2011). *Arbeits- und Organisationspsychologie.* Berlin, Heidelberg: Springer Medizin Verlag.

Neyer, F. J., & Spinath, F. M. (2008). *Anlage und Umwelt. Neue Perspektiven der Verhaltensgenetik und Evolutionspsychologie.* Stuttgart: Lucius & Lucius.

Niermeyer, R., & Postall, N. (2003). *Führen. Die erfolgreichsten Instrumente und Techniken.* München: Rudolf Haufe.

Northhouse, P. G. (2009). *Introduction to Leadership. Concepts and Practise.* Sage.

Orthey, F. M. (2013). *Systemisch Führen. Grundlagen, Methoden, Werkzeuge.* Stuttgart: Schäffer-Poeschl.

Osterchrist, R., & Perger, M. (2001). *Gruppen unter weiblicher und männlicher Führung.* Opladen: Leske + Budrich.

Özbek-Potthoff, G. (2013). *Implizite Führung im interkulturellen Kontext. Stand der Forschung, Erweiterung der Theorie und empirische Analyse.* Wiesbaden: Springer Gabler.

Parlow, G. (2006). *Zart besaitet. Selbstverständnis, Selbstachtung und Selbsthilfe für hochsensible Menschen.* Wien: Festland-Verlag.

Paschen, M., & Dihsmaier, E. (2014). *The Psychology of Human Leadership. How to Develop Charisma and Authority.* Heidelberg: Springer.

Pettinger, R. (2010). *Organizational Behavior. Performance management in practise* . Abington: Routledge.

Pilgerstorfer, M. (2014). *"Hochsensible Lernende im Kontext von Schule und Studium" Qualitative Analyse von Erfahrungsberichten.* Wien: Universität Wien.

Pinel, J. P., & Pauli, P. (2012). *Biopsychologie* (8. Auflage Ausg.). Hallbergmoos: Pearson Deutschland.

Pinnow, D. F. (2011). *Leadership - What Really Matters. A Handbook on Systemic Leadership.* Heidelberg: Springer.

Pritzel, M., Brand, M., & Markowitsch, H. J. (2009). *Gehirn und Verhalten. Ein Grundkurs der physiologischen Psychologie.* Heidelberg: Spektrum Akademischer Verlag.

psychologie48. (kein Datum). Abgerufen am 20. Januar 2015 von http://psychology48.com/deu/d/aktivitaetsniveau-aktivationsniveau/aktivitaetsniveau-aktivationsniveau.htm

Reineck, U., Sambeth, U., & Winklhofer, A. (2009). *Handbuch Führungskompetenzen trainieren.* Weinheim und Basel: Beltz Verlag.

Reinhardt, R. (2014). *Neuroleadership. Empirische Überprüfung und Nutzenpotenziale für die Praxis.* München: Oldenbourg Wissenschaftsverlag.

Reisyan, G. D. (2013). *Neuroorganisationskultur. Moderne Führung orientiert an Hirn- und Emotionsforschung* . Heidelberg: Springer Gabler.

Revers, A. (2014). *Wie Menschen ticken: Psychologie für Manager. Interessantes, Spannendes und Skurriles für Führungskräfte* (2 Ausg.). Hamburg: Windmühle.

Ruether, R., & Eleanor, M. (1979). *Women of Sprit. Female Leadership in the Jeweish and Christian Traditions.* New York : Simon and Schuster.

Sáenz-Herrero, M. (2015). *Psychopathology in Women. Incorporation Gender Perspective into Descriptive Psychopathology.* Heidelberg, New York, Dordrecht, London: Springer.

Saldern, M., & Stiller, W. (1980). *Implizite Persönlichkeitstheorie.* Frankfurt/Main: Haag + Herchen.

Sassenrath, M. (2014). *Management by Brain. Nutzen Sie die Erkenntnisse der Gehirnforschung für erfolgreiche Führung* (1. Ausg.). Bietigheim-Bissingen: Manicma.

Schaeffer-Hegel, B. (1995). *Frauen mit Macht. Zum Wandel der politischen Kultur durch die Präsenz von Frauen in Führungspositionen.* Pfaffenweiler: Centaurus-Verlagsgesellschaft.

Schilling, J. (2001). *Wovon sprechen Führungskräfte, wenn sie über Führung sprechen? Eine Analyse subjektiver Führungstheorien.* Hamburg: Verlag Dr. Kovac.

Schilling, J., & May, D. (2015). Negative und destruktive Führung. In J. Felfe (Hrsg.), *Trends der psychologischen Führungsforschung. Neue Konzepte, Methoden und Erkenntnisse* (S. 317-330). Göttingen: Hogrefe.

Schirmer, F. (1992). *Arbeitsverhalten von Managern.* Wiesbaden: Gabler.

Schjoedt, U., Stodkilde-Jorgensen, H., Geertz, A. W., Lund, T. E., & Roepstorff, A. (2011). The power of charisma - perceived charisma inhibits the frontal executive network of believers in intercessory prayer. *Social Cognitive and Affective Neuroscience, 6*(1), 119-127.

Schmid, B. (2008). *Systemische Professionalität und Transaktionsanalyse.* Bergisch-Gladbach: Edition Humanistische Psychologie.

Schmidt-Atzert, L. (1996). *Lehrbuch der Emotionspsychologie*. Stuttgart: W. Kohlhammer.

Schmidt-Atzert, L., Paper, M., & Stemmler, G. (2014). *Emotionspsychologie*. Stuttgart: W. Kohlhammer.

Schnell, R., Hill, P. B., & Esser, E. (2005). *Methoden der empirischen Sozialforschung*. München: Oldenbourg Wissenschaftsverlag GmbH.

Schuh, S. C. (2015). Person-Supervisor Fit. In J. Felfe (Hrsg.), *Trends der psychologischen Führungsforschung. Neue Konzepte, Methoden und Erkenntnisse* (S. 168-178). Göttingen: Hogrefe.

Schuler, H. (2003). Auswahl von Mitarbeitern. In D. Michel (Hrsg.), *Führung von Mitarbeitern* (S. 151-182). Stuttgart: Schäffer-Poeschl.

Schyns, B., Kiefer, T., & Staudigl, L. (2015). Implizite Führungstheorien. In J. Felfe (Hrsg.), *Trends der psychologischen Führungsforschung* (S. 155-165). Göttingen: Hogrefe.

Sellin, R. (2014). *Wenn die Haut zu dünn ist. Hochsensibilität - vom Manko zum Plus*. Kösel.

Simon, F. B., & Rech-Simon, C. (2007). *Zirkuläres Fragen. Systemische Therapie in Fallbeispielen: Ein Lernbuch* (7. Ausg.). Heidelberg: Carl-Auer.

Simon, W. (2009). *Managementkonzepte von A bis Z*. Offenbach: Gabal Verlag GmbH.

Smith, E. R., & Mackie, D. M. (2000). *The process by which one person' expectations about another become reality by elicting behaviors that confirm the expectations* (2 Ausg.). Psychology Press.

Smolenska, K., & Mc Cabe, S. W. (2006). A psychometric evaluation of the Highly Sensitive Person Scale: The components of sensory-processing sensitivity and their relation to the BIS/BAS and "Big Five". *40*(6).

Soons, I. B., & Tomic, W. (2010). An experimental study of the psychological impact of a Mindfulness-Based Stress Reduction Program on highly sensitive persons. *Europe's Journal of Psychology, 6*(4), 148-169.

Spreemann, S. (2000). *Geschlechtsstereotype Wahrnehmung von Führung. Der Einfluß einer maskulinen oder femininen äußeren Erscheinung.* Mannheim: Dr. Kovac.

Staehle, W. H. (1994). *Management. Eine verhaltenswissenschaftliche Perspektive* (7. Ausg.). München: Verlag Franz Vahlen.

Steiger, T., & Lippmann, E. (2008). *Handbuch Angewandte Psychologie für Führungskräfte. Führungskompetenz und Führungswissen* (3 Ausg.). Heidelberg: Springer.

Steinkellner, P. (2012). *Systemische Intervention in der Mitarbeiterführung* (3. Ausg.). Heidelberg: Verlag für Systemische Forschung.

Steyrer, J. (1993). Theorien der Führung. In W. Mayrhofer (Hrsg.), *Führung* (S. 99-109). Wien: Carl Ueberreuter.

Steyrer, J. (1995). *Charisma in Organisationen. Sozial-kognitive und psychodynamisch-interaktive Aspekte von Führung.* Frankfurt/Main: Campus Verlag.

Stiehl, S., & Bergner, S. (2015). Persönlichkeit und Führung. In J. Felfe (Hrsg.), *Trends der psychologischen Führungsforschung. Neue Konzepte, Methoden und Erkenntnisse* (S. 369-379). Göttingen: Hogrefe.

Tanaka, A., Koizumi, A., Imai, H., Hiramatsu, S., Hiramoto, E., & de Gelder, B. (2010). I Feel Your Voice: Cultural Differences in the Multisensory Perception of Emotion. *Psychological Science, 21*(9), 1259-1262.

Taylor, R. L., & Rosenbach, W. E. (1984). *Military Leadership in Pursuit of Excellence.* London: Westview Press.

Thurnell-Read, J. (2005). *Effektive Fragetechnik in der Kinesiologie.* Kirchzarten bei Freiburg: VAK.

Triandis, H. C. (2004). Foreword. In R. J. House, P. J. Hanges, M. Javidan, P. W. Dorfmann, & V. Gupta (Hrsg.), *Culture, Leadership, and Organizations.* Thousand Oaks, London, New Delhi: Sage Publications.

von Rosenstiel, L. (1999). *Existenzgründung und Unternehmertum.* Stuttgart: Schäffer-Poeschl.

von Rosenstiel, L. (2000). *Grundlagen der Organisationspsychologie.* Stuttgart: Schäffer-Poeschel.

von Rosenstiel, L. (2003). Grundlagen der Führung. In M. Domsch (Hrsg.), *Führung von Mitarbeitern. Handbuch für erfolgreiches Personalmanagement.* (S. 3-25). Stuttgart: Schäffer-Poeschl Verlag.

von Rosenstiel, L. (2006). Führung. In H. Schuler (Hrsg.), *Lehrbuch der Personalpsychologie* (2. Ausg., S. 354-384). Göttingen: Hogrefe.

von Rosenstiel, L., Molt, W., & Rüttinger, B. (2005). *Organisationspsychologie.* Stuttgart: Kohlhammer.

Vroom, V. H., & Jago, A. G. (1991). *Flexible Führungsentscheidungen. Management der Partizipation in Organisationen.* Stuttgart: Poeschl.

Waldmann, R. (1999). *Perspektiven der Führungsforschung. Ein Paradigmenvergleich.* Wiesbaden: Deutscher Universitäts-Verlag.

Waldmann, W. H. (2003). *360° - Beurteilung als Führungsaudit. Eine Überprüfung der Konstruktvalidität mit der Generalisierbarkeitstheorie* (1. Ausg.). München und Mering: Rainer Hampp.

Wolf, J. (2011). *Organisation, Management, Unternehmensführung. Theorien, Praxisbeispiele und Kritik* (4 Ausg.). Wiesbaden: Springer.

Wolmerath, M. (2013). *Mobbing. Rechtshandbuch für die Praxis* (4. Ausg.). Baden-Baden: Nomos.

Yerkes, R. M., & Dodson, J. D. (1908). The Relation of Strength of Stimulus to Rapidity of Habit-Formation. *Journal of Comparative Neurology and Psychology*(18), 459-482.

Zellweger, H. (2004). *Leadership by Soft Skills. Checklisten für den Führungsalltag* (1 Ausg.). Wiesbaden: Gabler.

Zimbardo, P. G., & Gerrig, R. J. (2004). *Psychologie.* München.

Onlinequellen

Acevedo, B. P. et al., 2014. *The highly sensitive brain: an fMRI study of sensory processing sensitivity and response to others' emotions.* [Online] Available at: http://onlinelibrary.wiley.com/doi/10.1002/brb3.242/abstract [Zugriff am 23 Oktober 2014].

Ahadi, B. & Basharpoor, S., 2010. *Relationship Between Sensory Processing Sensivity, Personality Dimensions and Mental Health.* [Online] Available at: http://scialert.net/qredirect.php?doi=jas.2010.570.574&linkid=pdf [Zugriff am 23 Oktober 2014].

Alpert Reyes, E., 2013. *Los Angeles Times.* [Online] Available at: http://articles.latimes.com/2013/dec/26/local/la-me-one-way-gender-revolution-20131227 [Zugriff am 23 Januar 2014].

Aron, A. et al., 2010. *Temperament trait of sensory processing sensitivity moderates cultural differences in neural response.* [Online] Available at: http://scan.oxfordjournals.org/content/early/2010/04/13/scan.nsq028.full.pdf [Zugriff am 23 Oktober 2014].

Aron, E. N., 2004. *Revisiting Jung's concept of innate sensitiveness.* [Online] Available at: http://www.psychologytoday.com/files/attachments/36190/japaronjune04sensitiveness.pdf [Zugriff am 23 Oktober 2014].

Aron, E. N., 2006. *The Clinical Implications of Jung's Concept of Sensitiveness.* [Online] Available at: http://www.junginstitute.org/pdf_files/JungV8N2p11-44.pdf [Zugriff am 23 Oktober 2014].

Aron, E. N., Aron, A. & Davies, K. M., 2005. *Adult Shyness: The Interaction of Temperamental Sensitivity and an Adverse Childhood Environment.* [Online] Available at: http://www.psychologytoday.com/files/attachments/36190/pspbaronetal0

5shynesssensitivity.pdf
[Zugriff am 23 Oktober 2014].

Aron, E. N., Aron, A. & Jagiellowicz, J., 2012. *Sensory Processing Sensitivity: A Review in the Light of the Evolution of Biological Responsivity.* [Online] Available at: http://scottbarrykaufman.com/wp-content/uploads/2013/08/Pers-Soc-Psychol-Rev-2012-Aron-1088868311434213.pdf
[Zugriff am 23 Oktober 2014].

Autismus Hamburg e.V., *Film und TV.* [Online]
Available at: http://www.autismushamburg.de/film-und-tv.html
[Zugriff am 22 März 2015].

Barrein, B., 2013. *Perfektionisten mit Spezialbegabung.* [Online]
Available at: http://www.heise.de/ct/artikel/Perfektionisten-mit-Spezialbegabung-1913822.html
[Zugriff am 22 März 2015].

Benham, G., 2006. *The Highly Sensitive Person: Stress and physical symptoms reports.* [Online]
Available at:
http://www.gbenham.com/articles_posters/2006%20Benham%20-HSP%20-stress%20and%20physical%20symptom%20reports.pdf
[Zugriff am 23 Oktober 2014].

Bundesministerium für Arbeit und Soziales, 2012. *Gleichstellen. Bundesinitiative für Frauen in der Wirtschaft.* [Online]
Available at: http://www.frauen-gehen-in-fuehrung-gmt.de/Impressum%201.html
[Zugriff am 1 Februar 2015].

Bundesministerium für Arbeit und Soziales, 2013. *Gleichstellen. Bundesinitiative für Frauen in der Wirtschaft.* [Online]
Available at: http://www.bundesinitiative-gleichstellen.de/
[Zugriff am 1 Februar 2015].

Chen, C. et al., 2011. *Contributions of dopamine-related genes and environmental factors to highly sensitive personality: A multi-step neuronal system-level approach.* [Online]

Available at:
http://journals.plos.org/plosone/article?id=10.1371/journal.pone.0021636
[Zugriff am 5 Mai 2015].

Cooper, T. M., 2014. *academia.edu.* [Online]
Available at:
http://www.academia.edu/6810668/The_Integral_Being_A_Qualitative_Investigation_of_Highly_Sensitive_Persons_and_Temperament_Appropriate_Careers
[Zugriff am 24 Februar 2015].

Deutsches Ärzteblatt, 2012. *Überdiagnose von ADHS und Autismus.* [Online]
Available at:
http://www.aerzteblatt.de/nachrichten/49712/Ueberdiagnose-von-ADHS-und-Autismus
[Zugriff am 16 Juni 2015].

Deutsches Ärzteblatt, 2015. *Ritalin-Verbrauch in Deutschland geht zurück.* [Online]
Available at: http://www.aerzteblatt.de/nachrichten/62624/Ritalin-Verbrauch-in-Deutschland-geht-zurueck
[Zugriff am 12 Mai 2015].

Diller, L. H., 1996. *The Run on Ritalin: Attention Deficit Disorder and Stimulant Treatment in the 1990s.* [Online]
Available at: https://www.questia.com/library/journal/1G1-18292224/the-run-on-ritalin-attention-deficit-disorder-and
[Zugriff am 12 Juni 2015].

dpa/lw, 2013. *Softwarekonzern SAP stellt Hunderte Autisten ein.* [Online]
Available at:
http://www.welt.de/wirtschaft/article116369941/Softwarekonzern-SAP-stellt-Hunderte-Autisten-ein.html
[Zugriff am 22 März 2015].

Dresing, T. & Pehl, T., 2013. *Praxisbuch Interview, Transkription & Analyse. Anleitungen und Regelsysteme für qualitativ Forschende.* [Online]
Available at: www.audiotranskription.de/praxisbuch
[Zugriff am 3 Mai 2015].

Hauschild, J. & Wüstenhagen, C., 2013. *Zeit Online Gesundheit.* [Online]
Available at: http://www.zeit.de/zeit-wissen/2013/03/koerper-psyche-gefuehle-gesundheit
[Zugriff am 25 Februar 2015].

Heintze, A., *Open Mind Akademie.* [Online]
Available at: http://open-mind-akademie.de/hochsensitivitat-2/
[Zugriff am 1 Februar 2015].

Hogeveen, J., Obhi, S. S. & Inzlicht, M., 2013. *michaellinzlicht.com.* [Online]
Available at: http://www.michaelinzlicht.com/wp/wp-content/uploads/downloads/2013/06/Hogeveen-Inzlicht-Obhi-in-press.pdf
[Zugriff am 17 März 2015].

Hollederer, A., 2008. *Psychische Gesundheit im Fall von Arbeitslosigkeit.* [Online]
Available at:
http://www.bsafb.de/fileadmin/downloads/pa12_7_2008/pa12_psychische_gesundheit_im_fall_von_arbeitslosigkeit.pdf
[Zugriff am 19 Mai 2013].

Hollederer, A., 2011. *Unemployment and health in population of Germany: results from 2005 Microcensus.* [Online]
Available at:
http://peer.ccsd.cnrs.fr/docs/00/59/44/57/PDF/PEER_stage2_10.1007%252Fs10389-010-0367-1.pdf
[Zugriff am 15 Mai 2013].

Huber, C., 2010. *ads-beratung.* [Online]
Available at: http://www.ads-beratung.ch/elpost42.pdf
[Zugriff am 1 Februar 2015].

Jack, M., 2014a. *Regelmäßig gestellte Fragen.* [Online]
Available at: http://www.hochsensibel.org/startseite/regelmaessig-gestellte-fragen.html
[Zugriff am 2 Juni 2015].

Jack, M., 2014. *hochsensibel.org.* [Online]
Available at: http://www.hochsensibel.org/dokumente/Broschuere.pdf
[Zugriff am 1 Februar 2015].

Jack, M., 2015. *Eine Auswahl von Literatur zum Thema Hochsensibilität.* [Online]
Available at: http://www.hochsensibel.org/startseite/literatur.html
[Zugriff am 22 März 2015].

Kaschka, W. P., Korczak, D. & Broich, K., 2011. *Modediagnose Burn-Out.* [Online]
Available at: http://www.aerzteblatt.de/pdf.asp?id=113220
[Zugriff am 16 Juni 2015].

Konrad, S., 2015. *Professur für Persönlichkeitspsychologie und psychologische Diagnostik.* [Online]
Available at: http://www.hsu-hh.de/diffpsych/index_0WJIApeWbV9D3FuX.html
[Zugriff am 1 Mai 2015].

Nerdinger, F. W. & Neumann, C., 2007. *Psychologie Studium.* [Online]
Available at: http://www.psychologie-studium.info/literaturincludes/probetexte/354071636X.pdf
[Zugriff am 21 August 2014].

psychologie48, [Online]
Available at: http://psychology48.com/deu/d/aktivitaetsniveau-aktivationsniveau/aktivitaetsniveau-aktivationsniveau.htm
[Zugriff am 20 Januar 2015].

Revers, A., 2014. *Clinotel.* [Online]
Available at: http://www.clinotel-journal.de/article-id-018.html
[Zugriff am 14 März 2015].

Rizzo-Sierra, C. V., Leon-S., M. E. & Leon-Sarmiento, F. E., 2012. *Higher sensory processing sensitivity, introversion and ectomophism: New biomarkers for human creativity in developing rural areas.* [Online]
Available at: http://www.ncbi.nlm.nih.gov/pmc/articles/PMC3409988/
[Zugriff am 24 Januar 2015].

Seidler, E., 2004. *„Zappelphilipp" und ADHS: Von der Unart zur Krankheit.* [Online]
Available at: http://www.aerzteblatt.de/archiv/40288/Zappelphilipp-und-

ADHS-Von-der-Unart-zur-Krankheit
[Zugriff am 16 Juni 2015].

Universität Zürich, 2010. *Methodenberatung.* [Online]
Available at: http://www.methodenberatung.uzh.ch/skalenniveau.html#21
[Zugriff am 24 Februar 2014].

Winter, S., 2000. *Universität Karlsruhe.* [Online]
Available at: http://imihome.imi.uni-karlsruhe.de/nquantitative_vs_qualitative_methoden_b.html
[Zugriff am 12 Februar 2014].

Zhou, J., Gotch, C., Zhou, Y. & Liu, Z., 2008. *Journal of Vision.* [Online]
Available at: http://jov.arvojournals.org/article.aspx?articleid=2193055
[Zugriff am 17 März 2015].

Anhang

Anhang 1: Analyseablauf

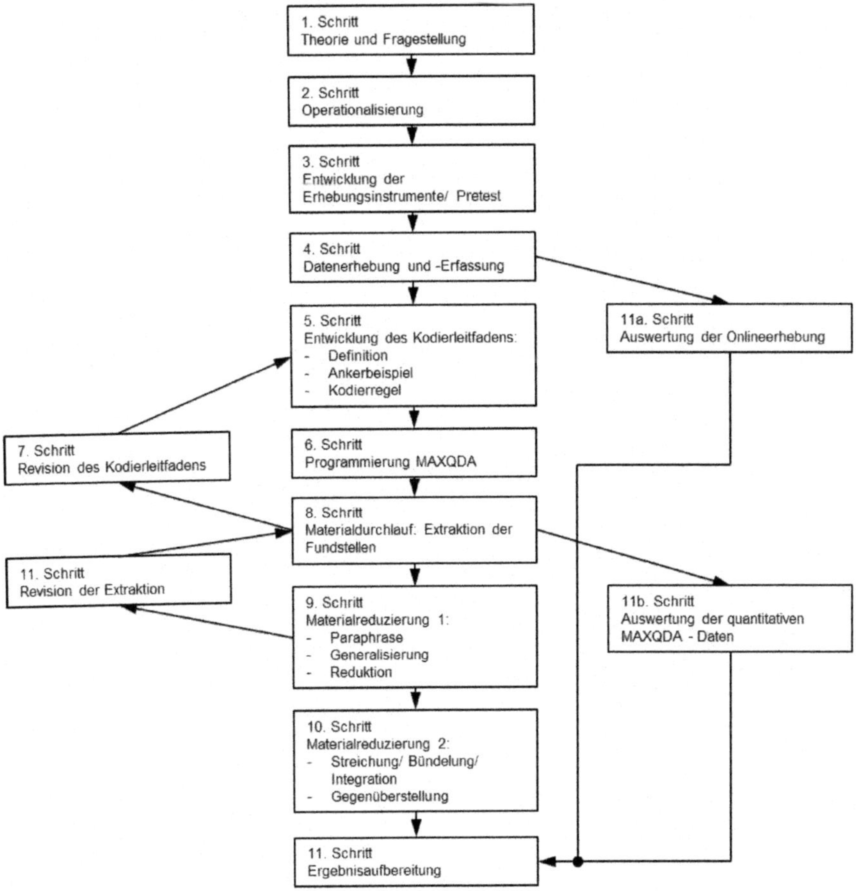

Abbildung 5: Analyseablauf

Anhang 2: Online-Fragebogen: Instruktionen, Beispielitem

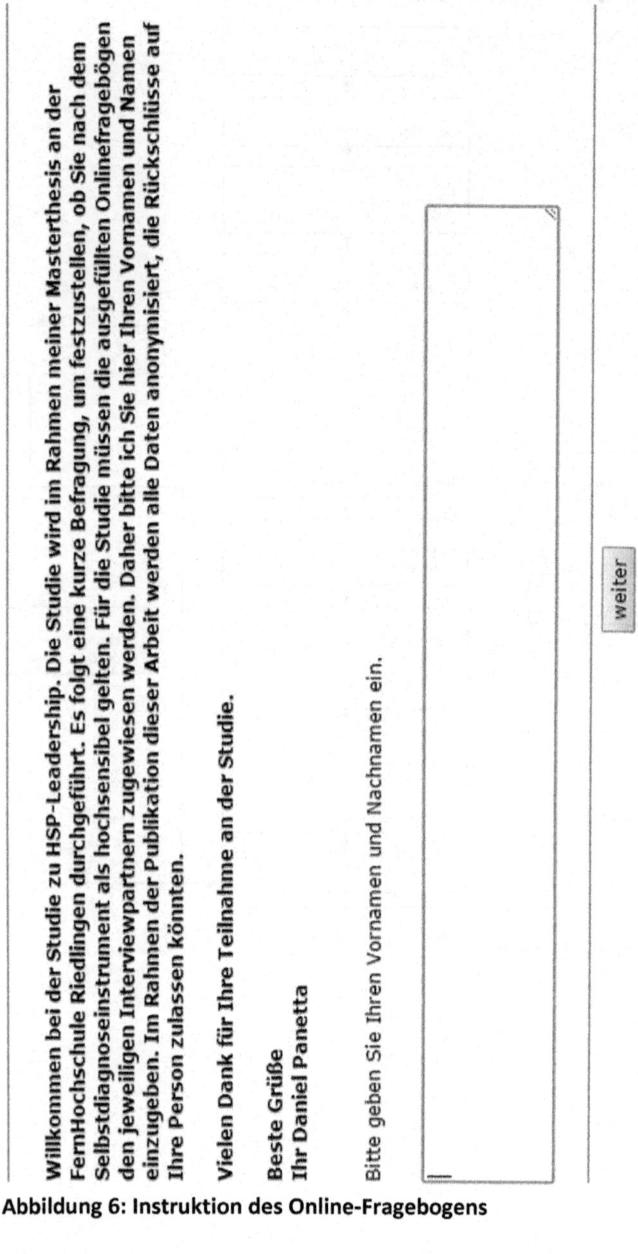

Willkommen bei der Studie zu HSP-Leadership. Die Studie wird im Rahmen meiner Masterthesis an der FernHochschule Riedlingen durchgeführt. Es folgt eine kurze Befragung, um festzustellen, ob Sie nach dem Selbstdiagnoseinstrument als hochsensibel gelten. Für die Studie müssen die ausgefüllten Onlinefragebögen den jeweiligen Interviewpartnern zugewiesen werden. Daher bitte ich Sie hier Ihren Vornamen und Namen einzugeben. Im Rahmen der Publikation dieser Arbeit werden alle Daten anonymisiert, die Rückschlüsse auf Ihre Person zulassen könnten.

Vielen Dank für Ihre Teilnahme an der Studie.

Beste Grüße
Ihr Daniel Panetta

Bitte geben Sie Ihren Vornamen und Nachnamen ein.

weiter

Abbildung 6: Instruktion des Online-Fragebogens

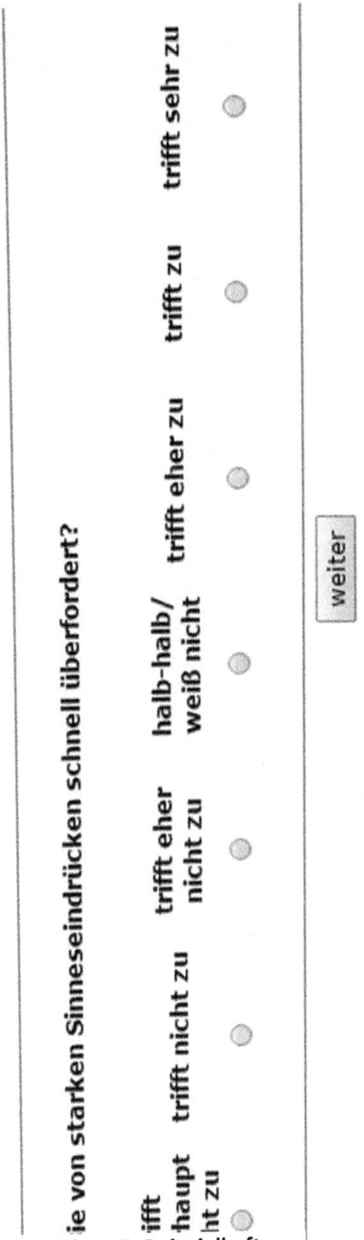

Abbildung 7: Beispielhafte Darstellung eines Items im Online-Fragebogen

Abbildung 8: Ende des Online-Fragebogens

Anhang 3: Interviewleitfaden

Anfangssequenz

- ☐ Begrüßung
- ☐ Bedanken für die freiwillige Teilnahme
- ☐ Kurze Vorstellung meinerseits
- ☐ Dauer und Verlauf des Interviews
- ☐ Vorstellung der Forschungsfrage
- ☐ Erläuterung der Besonderheiten:
  Anonymisierung der Daten, die Rückschlüsse auf Person zulassen/ Aufnahme/ Transkription
- ☐ Einverständniserklärung:
  Gewonnene Erkenntnisse dürfen im Rahmen dieser Arbeit gespeichert, bearbeitet, ausgewertet und publiziert werden.

Merkmale	*Setting/Notizen:*
☐ Geschlecht (m) (w)	
☐ Jahrgang?	
☐ Wie lautet Ihre Berufsbezeichnung bzw. Beschreibung der Tätigkeit?	
☐ Auf welcher Führungsebene sind Sie tätig?	*Relevant für provokante Situation*
☐ Seit wie vielen Jahren sind Sie bereits Führungskraft?	
☐ An welchen führungsrelevanten Schulungen haben Sie teilgenommen?	
☐ Wie viele Mitarbeiter führen Sie unmittelbar?	
☐ Wie viele Beschäftigte hat die Gesamtorganisation?	
☐ Beschreiben Sie mir bitte Ihre Organisation.	
☐ Ich würde gern damit beginnen, dass Sie mir kurz von markantesten Stationen Ihrer bisherige Berufslaufbahn berichten	*Eisbrecher*
... und danach auf Besonderheiten hinweisen?	*Zwischen den Zeilen lesen!*

Abbildung 9: Interviewleitfaden

Subjektive Führungstheorie

Ereignisschemata

- ☐ An welchen Prinzipien orientieren Sie ihr Führungshandeln?
- ☐ An welchen Vorbildern orientieren Sie ihr Führungshandeln?
- ☐ Was verstehen Sie unter Führung?
- ☐ Gibt es dafür eine Metapher?

Personenschemata

Führungskraft

- ☐ Angenommen es gäbe so etwas wie eine <u>ideale</u> Führungskraft, welche Eigenschaften würden Sie ihr zuschreiben?

Nennen Sie mir bitte Beispiele aus Ihrer persönlichen Erfahrung für Verhaltensweisen einer <u>idealen</u> FK.

- ☐ Angenommen es gäbe so etwas wie eine <u>nicht ideale</u> Führungskraft, welche Eigenschaften würden Sie ihr zuschreiben?

Nennen Sie mir bitte Beispiele aus Ihrer persönlichen Erfahrung für Verhaltensweisen einer <u>nicht idealen</u> FK.

Mitarbeiter

- ☐ Wodurch zeichnet sich ein <u>idealer</u> MA für Sie aus?
- ☐ Wodurch zeichnet sich ein <u>nicht idealer</u> MA für Sie aus?
- ☐ Was ist Ihnen an Ihren MA besonders wichtig?
- ☐ Was wünscht sich ein MA von seiner Führungskraft?

Überleitung zum Thema Führung...

Keine Prüfungssituation... Entspanntes Interview

Freies Assoziieren... einfach drauf los.

Was noch?

Falls Vorbild nicht möglich auch Metaphern...

Zeit zum Nachdenken geben

Zu MA überleiten. Betonung auf SIE!

Abbildung 9: Interviewleitfaden

Selbstschemata

- ☐ Welche Erwartungen haben Sie als Führungskraft an Ihre MA?
- ☐ Beschreiben Sie bitte einen MA der ideal zu Ihnen passen würde?
- ☐ Wie würden Ihre MA Sie beschreiben (Eigenschaften)?
- ☐ Wie würden Sie (NAME) Ihren Führungsstil beschreiben?
- ☐ Was würden Ihre MA anders beschreiben oder noch hinzufügen?

Führungsverhalten

- ☐ Schildern Sie mir bitte ein besonders gutes/schlechtes Erlebnis als Führungskraft.
- ☐ Was war in den genannten Situationen bzgl. Ihres Verhaltens besonders typisch für Sie?
- ☐ Von welchen Verhaltensweisen würde mir Ihre MA berichten, wenn ich diese fragen würde?

Zu ‚Critical Incident' überleiten:

Details!

Stellen Sie sich vor, ein Teil Ihrer MA bittet Sie um ein Gespräch im Rahmen einer Teamsitzung. Die Mitarbeiter wirken unruhig. Ihnen sind auf dem Weg in den Raum der Lärm von den Straßenbauarbeiten und das flackernde Deckenlicht aufgefallen. Sie sitzen mit Ihren MA am Tisch und der Rädelsführer beginnt Ihnen mitzuteilen, dass sie mit Ihrem Führungsstil nicht einverstanden sind, kurz danach kommt Ihr nächster Vorgesetzter/ ein wichtiger Kunde um die Ecke. Eins kommt zum anderen:

- ☐ Wie reagieren Sie in dem Moment?
- ☐ Wäre Nervosität oder Vermeidungsverhalten hier ein Thema? *(Übererregung)*
- ☐ Wie verhalten Sie sich danach?

Zur vorgegebenen Situation überleiten/ Absichern ob es verstanden wurde.

Immer gleiches Setting für Situation schaffen. Deutlich vorlesen.

Hinweis: Freies Assoziieren und es gibt keine falschen Reaktionen.

Abbildung 9: Interviewleitfaden

Wenn Sie jetzt mal etwas in sich hinein hören...

- ☐ Welche Gedanken haben Sie bei dieser Vorstellung? *(Gründliche Informationsverarbeitung)*
- ☐ Wie würde sich die Situation emotional bemerkbar machen? *(Emotionale Intensität)*
- ☐ *Bei der Beschreibung der Situation, welches Bild ist Ihnen vor Ihrem inneren Auge besonders aufgefallen? (Steigbügelhalter)*
- ☐ Was hat sie an dem Bild besonders beunruhigt? *(Sensorische Empfindlichkeit)*
- ☐ Wie geht es Ihnen jetzt nach dem Interview? Schwingt noch etwas nach? *(Emotionale Intensität)*
- ☐ Gibt es noch etwas was Sie inhaltlich beschäftigt? *(Gründliche Informationsverarbeitung)*

Schlusssequenz:

- ☐ Gibt es Ihrerseits Aspekte, die Sie gerne noch angesprochen hätten?
- ☐ Abrunden des Gesprächs

Erinnerungen an den Interviewer:

- ➢ **NICHT** in eine Diskussion abgleiten.
- ➢ **KEIN** Coaching
- ➢ Nicht zu sehr am Leitfaden orientieren.

Sie nehmen sich nach dieser Situation etwas Zeit sie zu analysieren. Beschreiben Sie Ihre Gedanken-gänge...

Proband auffangen und zum Schluss überleiten.

Für das Interview bedanken.

Wiederholt Anonymisierung zusichern.

Alles Gute für die Zukunft wünschen.

Abbildung 9: Interviewleitfaden

Anhang 4: Operationalisierung (Strukturbaum)

Konstrukt: subjektive Führungstheorie hochsensibler Führungskräfte

Dimension	Kategorie	Indikator[138] [139]
Merkmale[140] [141]	Persönlich (sozio-demographisch)	- Geschlecht - Alter
	Beruflich	- Werdegang[142] - Berufsbezeichnung - Art der Organisation (Kurzbeschreibung) - Anzahl MA (gesamt) in der Organisation
	Führungsrelevant	- Führungsebene - Führungsspanne - Anzahl unmittelbar zu führender MA - Führungsrelevante Schulungen

Tabelle 28: Operationalisierung Merkmale einer HSFK

138 Für einen flüssigeren Interviewverlauf wird im Interviewleitfaden teilweise eine andere Reihenfolge der Items geschaffen.

139 Definitionen zu den einzelnen Indikatoren sind im Kodierleitfaden zu finden.

140 vgl. Aretz, 2007, S. 180ff

141 Die Merkmale werden durch die Selbstschemata, innerhalb der Dimension subjektive Führungstheorien, ergänzt.

142 Typische Muster von Berufslaufbahnen hochsensibler MA (vgl. Aron, 2014, S. 231ff)

Dimension	Kategorie	Indikator
Subjektive Führungstheorie[143]	Ereignisschema	- Vorstellung über Prinzipien - Vorstellungen über Vorbilder - Verständnis von Führung
	Personenschemata Personenschemata	- Eigenschaften non/idealer FK - Verhaltensweisen non/idealer FK - Merkmale non/idealer MA - Grundlegende Annahmen über MA (Mitarbeiterbild)
	Selbstschema	- Wissen über sich selbst (Erwartungen) - MA der ideal zu FK passen würde - Beschreibung des eigenen Führungsstils - Beschreibung durch MA

Tabelle 29: Operationalisierung Subjektive Führungstheorie

143 vgl. Aretz, 2007, S. 180ff/ Schilling, 2001, S. 96f

Dimension	Kategorie	Indikator
Führungs-verhalten (HSFK)[144]	Critical Incidents	- Besonders gute und besonders schlechte Erlebnisse als Führungskraft. - ‚Typisches Verhalten' (siehe unten) in den Situationen. - Wirkung der FK auf MA aus Sicht von MA.
	Provokante-‚HSP-Situation'[145]	Stellen Sie sich vor, ein Teil Ihrer MA bitten Sie um ein Gespräch im Rahmen einer Teamsitzung. Die Mitarbeiter wirken unruhig. Ihnen sind auf dem Weg in den Raum der Lärm von den Straßenbauarbeiten und das flackernde Deckenlicht aufgefallen. Sie sitzen mit Ihren MA am Tisch und der Redeführer beginnt Ihnen mitzuteilen, dass sie mit Ihrem Führungsstil nicht einverstanden sind. Eins kommt zum anderen: - Reaktion in diesem Moment. - Einschätzung aus Metaperspektive

Tabelle 30: Operationalisierung Führungsverhalten (HSFK)

144 Durch die Handlungswirksamkeit subjektiver Theorien (vgl. Aretz, 2007) wird das Verhalten der FK in die subjektiven Führungstheorien subsumiert.

145 Kombination aus dem typischen HSP-Verhalten (operationalisiert/ siehe unten) als Teil des Konstrukts und „Typische zwischenmenschliche Probleme [hochsensibler Personen] am Arbeitsplatz." (Aretz, 2007, S. 233ff)

Dimension	Kategorie	Indikator
Typisches Verhalten (HSP)	Gründliche Informationsverarbeitung	Sinnieren: „[...] Nachdenken (*deutlich mehr, als andere das tun*) über „den Gang der Welt", den Sinn des Lebens oder den eigenen Arbeitsbereich, auch das Sinnieren darüber, welche Richtung eine Beziehung angesichts bestimmter Ereignisse nehmen wird." (Aron, 2014, S. 47)
		Mutmaßen (Hypothesen): „[...] Mutmaßungen darüber, wie es dazu kam, dass die Dinge geworden sind, wie sie sind oder wie sie sich wahrscheinlich entwickeln werden." (Ebd.)
		Eigenes Pflichtgefühl: „[...] oder einer Moral, die anscheinend auf ungewöhnlicher Reflexion über die Folgen von Handeln beruht und nicht auf der Übernahme eines ethischen Kodex, den andere formuliert haben." (Ebd.)
		Tiefe Gefühle + Empathie: „Die umfassendere Verarbeitung zeigt sich auch in tieferen Gefühlen und größeren Empathie für andere." (Ebd.)
	Übererregung	Nervosität: „Zeitweilige Übererregung wird in den ersten Sitzungen oft als noch größere Nervosität sichtbar, als andere sie in dieser Situation aufweisen würden." (Ebd., S. 51) a hallo
		Konzentrationsstörung: „Sie können Mühe haben, sich zu konzentrieren, und wiederholt lange schweigen." (Ebd.)
		Vermeidungsverhalten: „Eine weitere Auswirkung schneller Übererregbarkeit ist, dass sie einfach gemieden wird, ob bewusst oder unbewusst." (Ebd., S. 52)

Typisches Verhalten (HSP)	Emotionale Intensität	Emotionale Reaktivität: „Sie neigen zu starken positive wie zu negativen Affekten in Situationen, in denen jeder ihre Gefühle teilen würde, aber vielleicht in geringerem Maße." (Ebd., S. 55)
		Physische Äußerung: „Wenn Sie über ihre Probleme sprechen, neigen sie stärker zum Weinen." (Ebd.)
		Vermittlung von Veränderungen: „Ein weiteres beobachtbares Verhalten, das für diejenigen typisch ist, die hochsensibel sind, besteht darin, dass sie beim Auftreten starker Emotionen [...] manchmal davon sprechen, dass sie in ihrem Leben dramatische Veränderungen vornehmen wollen [...] aber tatsächlich ziehen sie normalerweise keine plötzlichen Änderungen durch." (Ebd.)
	Sensorische Empfindlichkeit	Aufmerksamkeit: „Fast alle sensiblen Patienten werden sich erst einmal aufmerksam umschauen oder Sie selbst betrachten. [...] Wenn Sie selbst Gegenstand der Betrachtung sind, fühlen Sie sich vielleicht gemustert, da die forschenden Augen Sie von Kopf bis Fuß betrachten." (Ebd., S. 59)
		Äußeres Erscheinungsbild: „Im Allgemeinen tragen sie keine auffallende Kleidung. Sie haben vielleicht lange Ärmel oder eine Jacke, wenn das Wetter nur ein bisschen kühl ist, und erklären, es sei ihnen zu heiß, wenn es nur eine Spur zu warm ist. Im Normalfall achten sie eher sorgfältig auf ihre Kleidung und darauf, wie sie sich in einem Raum bewegen, statt nachlässig und locker herumzulaufen." (Ebd.)

Typisches Verhalten (HSP)	Sensorische Empfindlichkeit	Subtile Verhaltenssignale: „Diese Patienten können geradezu besessen erscheinen, was Lärm zu Hause oder am Arbeitsplatz angeht. Sie formulieren vielleicht das Ziel, aufs Land zu ziehen oder den Job aufzugeben, sei es wegen der Umgebung am Arbeitsplatz, wegen des zeitaufwendigen Pendelns, zu großer Verantwortung oder weil die Bürointrigen „einfach unerträglich" sind." (Ebd.)

Tabelle 31: Operationalisierung Typisches Verhalten (HSP)

Anhang 5: Kodierleitfaden

Die Merkmale entsprechen dem Werdegang zuzüglich der Auswertungen der restlichen Merkmalskategorien.

	Kategorie (Indikator)	Definition	Ankerbeispiel	Kodierregel
1	Werdegang HSP	1. „Sensible Menschen können in der Unternehmenswelt schnell aufsteigen, stellen aber in den Spitzenpositionen fest, dass sie aus irgendeinem Grund unglücklich sind. […] 2. So üben sie ihren Beruf etwa in einem Umfeld aus, in dem sie wenig verdienen, wenden die neusten alternativen Methoden an oder arbeiten für gemeinnützige Einrichtungen. […]	1. „Also dann die Personalschiene eigentlich Personalreferentin, Personalleitung und Business Partner“ B10 (47) „Im Grunde habe ich das Unternehmen dann verlassen weil sich meine Werte nicht mehr mit denen des Unternehmens vereinigen konnten“ B10 (51) 2. „Ja, also ich bin bei einem großen Wohlfahrtsverband angestellt.“ B3 (5)	Es muss mindestens ein Aspekt der Definition erfüllt sein, um den Werdegang HSP zu bestätigen.

Tabelle 32: Kodierleitfaden

	Kategorie (Indikator)	Definition	Ankerbeispiel	Kodierregel
1	Werdegang HSP	3. In der Beratung, der strategischen Planung, der Unterstützung oder auch in der Ausbildung […].“ (Aron, 2014, S. 231)	3. „Ich bin Bereichsleiterin Beratung. Also ich leite Beratungsdienste, ambulante Beratungsdienste und zugleich habe ich noch einen Stellenanteil, wo ich noch für Fundraising zuständig bin.“ B3 (3)	Es muss mindestens ein Aspekt der Definition erfüllt sein, um den Werdegang HSP zu bestätigen.

Dimension: Subjektive Führungstheorie. Kategorie: Ereignisschemata

2	Vorstellung über Prinzipien	Eigene tiefste Vorstellungen über Prinzipien, welche an die eigene Führungsrolle gestellt werden.	„(..) Augenhöhe mit Mitarbeitern, Wertschätzung, Beteiligung (...) ja so spontan.“ B5 (77)	Es werden alle relevanten ‚Buzzwords‘ markiert.

Tabelle 32: Kodierleitfaden

	Kategorie (Indikator)	Definition	Ankerbeispiel	Kodierregel
Dimension: Subjektive Führungstheorie. Kategorie: Personenschemata				
5	Eigenschaften idealer FK	Eigenschaften „[...] wie u.a. physische Größen (z.B. Körpergröße, -gewicht, -bau; Erscheinungsbild), psychische Eigenschaften (z.B. Intelligenz, Persönlichkeitseigenschaften), Schulleistung und sozio-ökonomischen Status [...]“ (vgl. Stogdill, 1948 zitiert aus: Kunczik, 1972, S. 86ff) idealer (die Bedeutung legt der jeweilige Proband subjektiv für sich fest) FK.	„(lachen) Ja, Humor, Gelassenheit (...) vorausschauendes Denken. Auch ein bisschen strategisches Denken. Und Objektivität. Distanz einnehmen können.“ B2 (62) „(lachen) (...) Warmherzig, fachlich kompetent, gute Kommunikationsfähigkeiten, gute Kritikfähigkeit, Kritisierbarkeit“ B5 (115)	Alle eindeutigen Eigenschaften werden in Form von Schlagworten kodiert.
6	Verhaltensweisen idealer FK	Beispiele von Verhaltensweisen idealer FK aus der persönlichen Erfahrung.	„Ja. Rückmeldung geben/ schnelle direkte, zeitnahe Rückmeldung geben über gute Sachen, die die Mitarbeiter gemacht haben. Und darf / wenn ein Ziel da ist, die Fäden in der Hand behalten. Den roten Faden in der Hand behalten. Also ein konkretes Beispiel, wenn ein Fest organisiert wird, daran zu denken, was alles gemacht werden muss. Und auch nochmal eine Außenwirkung im Auge zu behalten.“ B2 (70)	Alle eindeutigen Verhaltensweisen werden in Form von Schlagworten kodiert.

Tabelle 32: Kodierleitfaden

	Kategorie (Indikator)	Definition	Ankerbeispiel	Kodierregel
7	Eigenschaften nicht-idealer FK	Eigenschaften „[...] wie u.a. physische Größen (z.B. Körpergröße, -gewicht, -bau; Erscheinungsbild), psychische Eigenschaften (z.B. Intelligenz, Persönlichkeitseigenschaften), Schulleistung und sozio-ökonomischen Status [...]“ (vgl. Stogdill, 1948 zitiert aus: Kunczik, 1972, S. 86ff) nicht-idealer (die Bedeutung legt der jeweilige Proband subjektiv für sich fest) FK.	„Sie wäre sehr sozial inkompetent. Hätte auch wirklich keine Menschenkenntnis. Und wäre eben genau das Gegenteil aufweisen von dem idealen Führungsbild, das ich eben beschrieben habe“ B14 (40)	Alle eindeutigen Eigenschaften werden in Form von Schlagworten kodiert.
8	Verhaltensweisen nicht-idealer FK	Beispiele von Verhaltensweisen nicht-idealer FK aus der persönlichen Erfahrung.	„Ich sag mal von einer Führungskraft, die eine Ebene unter mir war, da habe ich es mal live mitbekommen, dass die halt hinten rum/ ich sag mal/ also sich sehr illoyal gegenüber dem unterstellten Bereich verhalten hat und auch gegenüber der Mitarbeiter die links und rechts auf seiner Ebene waren. Also das habe ich schon einmal miterlebt“ B14 (47)	Alle eindeutigen Verhaltensweisen werden in Form von Schlagworten kodiert.

Tabelle 32: Kodierleitfaden

	Kategorie (Indikator)	Definition	Ankerbeispiel	Kodierregel
9	Merkmale idealer MA	Vorstellung, Erlebnisse und Überzeugungen von Eigenschaften und/oder Verhaltensweisen idealer MA.	„(...) ein idealer Mitarbeiter der denkt unternehmerisch im Sinne des Unternehmens und erwägt damit auch seine eigenen Interessen, die er halt als Arbeitnehmer immer mit den Interessen des Unternehmens ab wodurch dann auch ein kooperativen, partnerschaftliches Verhältnis entsteht (...) Ist ebenso offen für Feedback und für Weiterentwicklung (...) hat Spaß an dem was er tut. (unv. zu leise) an der er da arbeitet. (...) Hat natürlich eine eigene Motivation Dinge gut zu machen zur Leistung (...) das ist das was mir jetzt beim ersten Nachdenken einfällt." B17 (53)	Alle eindeutigen Merkmale werden in Form von Schlagworten kodiert.
10	Merkmale nicht-idealer MA	Vorstellung, Erlebnisse und Überzeugungen von Eigenschaften und/oder Verhaltensweisen nicht-idealer MA.	„(...) der ist auf seine eigenen Interessen fixiert (...) wenig entwicklungsfähig (...) wenig offen für Feedback und gibt selbst auch kein Feedback (...) wenig Eigenmotivation, wenig Leistungsbereitschaft (...)" B17 (55)	Alle eindeutigen Merkmale werden in Form von Schlagworten kodiert.

Tabelle 32: Kodierleitfaden

	Kategorie (Indikator)	Definition	Ankerbeispiel	Kodierregel
11	Mitarbeiterbild	Wünsche der FK an die MA und der MA an die FK. Die Kombination dieser beiden Perspektiven ergibt das Mitarbeiterbild.	„(...) Loyalität und Integrität." B1 (94) „(Überlegt) Er wünscht sich Vertrauen, er wünscht sich konkretes Feedback, für gute wie für schlechte Sachen (...) in einem angemessenen Maße. Auch mal ein Dankeschön, nicht jeden Tag danke für unser freies Klo gefunden, sondern (lacht), für wirklich bessere oder besondere Leistung, aber eben halt auch wenn man nicht so gut gewesen ist eine Hilfestellung besser zu werden, glaube ich schon." B13 (88)	Alle eindeutigen Wünsche werden in Form von Schlagworten kodiert.

Dimension: Subjektive Führungstheorie. Kategorie: Selbstschema

12	Wissen über sich selbst	Die Erwartungen/ Forderungen der FK an den MA.	„(...) dass sie sich mit dem Unternehmen identifizieren, mit dem Zielen, dass sie sich dafür engagieren (...) dass sie ja/ also/ wie soll ich das beschreiben? / Dass sie sich Mühe geben das umzusetzen. Dass sie Rückmeldung geben, dass sie Verantwortung übernehmen/ (...) also eigenständig auf Lösung finden. Nicht wirklich mit jeder kleinen Sache um Rat fragen oder rum Unterstützung oder Genehmigung. Solche Sachen eher. (unv.) (...) ja. ja ich glaube das reicht erstmal" B5 (174)	Alle eindeutigen Erwartungen werden in Form von Schlagworten kodiert.

Tabelle 32: Kodierleitfaden

	Kategorie (Indikator)	Definition	Ankerbeispiel	Kodierregel
13	MA der ideal zu FK passen würde	Der Indikator zielt auf dem Subtext darauf ab, durch welche Eigenschaften und Verhaltensweisen eines idealen Mitarbeiters harmonische Arbeitsabläufe und ein optimales Arbeits-Arousal hergestellt werden können. Zudem ist diese Frage reflexiv und lässt Rückschlüsse auf das Selbstbild der FK schließen.	„Das ist eine die Humor hat, die mitdenkt und mich rechtzeitig auf etwas aufmerksam macht, was ich nicht im Blick habe. Und die mich da unterstützt. Und ohne jetzt/ und ganz unbeschwert ist damit. Mich ganz unbeschwert unterstützt. Und warmherzig ist. (...) Das ist für mich auch immer wichtig, dass da so eine Wärme da ist. Oder Sympathie oder so eine Wellenlänge" B2 (108)	Alle eindeutigen Indikatoren, welche Eigenschaften und Verhaltensweisen eines idealen MA für die jeweilige FK beschreiben, werden in Form von Schlagworten kodiert.
14	Beschreibung durch MA	Die FK beschreibt ihre Eigenschaften, Merkmale Verhaltensweisen (s.o) aus der Sicht der MA.	„(...) teilweise noch unsicher (...) aber herzlich und (...) fürsorglich, zu weich. Also sowas könnte ich mir auch vorstellen, dass das jemand denkt (...) nicht visionär genug. (...) Aber schon / Jemand anderes würde denken, auch zielgerichtet. Das kommt immer darauf an, auf die Perspektive oder ob das jemand wahrnehmen kann. Also auch zielgerichtet und zäh, beharrlich (...) positiv." B2 (110)	Alle eindeutigen Beschreibungen werden in Form von Schlagworten kodiert.

Tabelle 32: Kodierleitfaden

	Kategorie (Indikator)	Definition	Ankerbeispiel	Kodierregel
15	Führungsstil	Beschreibung des eigenen Führungsstils durch die FK und durch die FK aus Sicht des MA.	„(...) kooperativ (...) wäre so das Schlagwort dafür“ B17 (71) „(...) vielleicht würden sie fordernd noch hinzufügen“ B17 (75)	Alle eindeutigen Beschreibungen werden in Form von Schlagworten kodiert.

Dimension: Führungsverhalten. Kategorie: Critical Incidents

16	Besonders gutes Erlebnis	Typisches Verhalten (Muster), wie die Probanden zu besonders guten Erlebnissen gelangt sind + Sicht der MA	„Besonders typisch? Ja, dass ich manchmal zu nah dran bin an einigen Mitarbeitern und da zu wenig Abstand habe. Und dann emotional sehr beteiligt bin an bestimmten Dingen so.“ B5 (204) „Also sie einfach gemerkt haben, dass das Arbeiten so viel mehr Spaß macht, dass wir viel mehr miteinander gelacht haben. Also dass ich so eine Atmosphäre geschaffen habe wo wir wirklich miteinander spaß habe“ B5 (214)	Alle eindeutigen Muster werden in Form von Schlagworten kodiert.

Tabelle 32: Kodierleitfaden

	Kategorie (Indikator)	Definition	Ankerbeispiel	Kodierregel
17	Besonders schlechtes Erlebnis	Typisches Verhalten (Muster), wie die Probanden zu besonders schlechten Erlebnissen gelangt sind + Sicht der MA	„Ja, dass ich meine Emotionen nicht im Griff hatte. Und den Abstand auch nicht hatte" B5 (234) „und hinterher war für mich ganz typisch, dass ich so damit gehadert habe und sie dann wirklich so um Entschuldigung gebeten habe." B5 (236) „also die haben mir gesagt, das geht gar nicht. Die fanden das auch ganz schlimm." B5 (240)	Alle eindeutigen Muster werden in Form von Schlagworten kodiert.

Dimension: Führungsverhalten. Kategorie: Provokante-‚HSP-Situation'

18	Reaktion in diesem Moment	Wie reagiert der Proband auf die provokante-‚HSP-Situation', d.h. auf die Mitarbeiter (Rädelsführer) und den Kunden/Vorgesetzten?	„Ach so . Ich würde mein Wort an den Kunden richten. Und würde mich entschuldigen, dass er jetzt in diese Situation gekommen ist. Und würde ihn bitten auf dem Flur oder sonst wo einen Moment auf mich zu warten. Und dann würde ich meinen Mitarbeitern sagen, dass ich jetzt keine Ruhe habe darauf zu antworten, weil dieser wichtige Kunde da draußen sitzt. Und sie mich bitte für einen Moment entschuldigen sollen. Und ich nach diesem Kundengespräch postwendend wieder für sie da bin." B1 (187)	Alle eindeutigen Reaktionen auf die Mitarbeiter und den Kunden/Vorgesetzten werden kodiert.

Tabelle 32: Kodierleitfaden

	Kategorie (Indikator)	Definition	Ankerbeispiel	Kodierregel
19	Einschätzung aus Metaperspektive	Es interessiert hier, wie der Proband die Situation analysiert, d.h. wie es überhaupt, aus seiner Perspektive, zu einer solchen Situation kommen konnte.	„(...) also es muss so gewesen sein, also als Beispiel. Ich habe alleine ein Gespräch gehabt mit einer Mitarbeiterin und sie hat sich völlig falsch behandelt gefühlt und ist dann zu den anderen hin und hat die um Unterstützung gebeten. Und gesagt 'was die gemacht hat oder wie die mit mir umgegangen ist, das geht ja gar nicht'." B2 (206)	Alle eindeutigen Analysen werden kodiert.
Dimension: Typisches Verhalten (HSP). Kategorie: Gründliche Informationsverarbeitung				
20	Sinnieren	„[...] Nachdenken (*deutlich mehr, als andere das tun*) über „den Gang der Welt", den Sinn des Lebens oder den eigenen Arbeitsbereich, auch das Sinnieren darüber, welche Richtung eine Beziehung angesichts bestimmter Ereignisse nehmen wird." (Aron, 2014, S. 47)	„(...) ja man hinterfragt sich dann ja selbst." B6 (188)	Deutlich verbalisiertes Sinnieren wird markiert, wenn es Grundsätzliches hinterfragt oder diskutiert.

Tabelle 32: Kodierleitfaden

	Kategorie (Indikator)	Definition	Ankerbeispiel	Kodierregel
21	Mutmaßen	(Hypothesen): „[…] Mutmaßungen darüber, wie es dazu kam, dass die Dinge geworden sind, wie sie sind oder wie sie sich wahrscheinlich entwickeln werden." (Ebd.)	„Das ist auch immer so, dass ich mir solche Situationen im Vorfeld vorstelle. So eine Art mentale Vorbereitung, um eben meine Emotionen im Griff zu behalten." B1 (205)	Hypothesen entsprechend der Definition werden markiert.
22	Eigenes Pflichtgefühl	„[…] oder einer Moral, die anscheinend auf ungewöhnlicher Reflexion über die Folgen von Handeln beruht und nicht auf der Übernahme eines ethischen Kodex, den andere formuliert haben." (Ebd.)	„Also durch Beschaffung von bestimmten Strukturen, vor allem Besprechungsstrukturen. Und durch so ein, ich sag mal (lachen), das klingt so komisch/ Durch so einen moralischen Anspruch den ich auch mit reingebracht habe und den wir irgendwann abgelegt haben und wo es klar war wie wir miteinander umgehen. Also so eine Haltungsgeschichte, die ganz viele umgesetzt haben." B5 (202)	Moral bzw. Pflicht der Definition entsprechend.

Tabelle 32: Kodierleitfaden

	Kategorie (Indikator)	Definition	Ankerbeispiel	Kodierregel
23	Tiefere Gefühle + Empathie	„Die umfassendere Verarbeitung zeigt sich auch in tieferen Gefühlen und größeren Empathie für andere." (Ebd.)	„Man hat dann so wie Schuldgefühle, würde ich jetzt mal sagen, aber man fragt sich dann die ganze Zeit, 'was habe ich falsch gemacht?' dass das so weit kommen konnte" B6 (188)	Offenlegung der eigenen Gefühle.

Dimension: Typisches Verhalten (HSP). Kategorie: Übererregung

24	Nervosität	„Zeitweilige Übererregung wird in den ersten Sitzungen oft als noch größere Nervosität sichtbar, als andere sie in dieser Situation aufweisen würden." (Ebd., S. 51)	„Also eine Nervosität sicherlich, also das ist ja immer eine unangenehme Geschichte, die einen dann (unv.) ganz normale körperliche Reaktion, bisschen nervös ist man da immer, aber Vermeidungsverhalten nicht" B14 (137)	Wenn von Nervosität gesprochen wird.

Tabelle 32: Kodierleitfaden

	Kategorie (Indikator)	Definition	Ankerbeispiel	Kodierregel
25	Konzentrationsstörung	„Sie können Mühe haben, sich zu konzentrieren, und wiederholt lange schweigen.“ (Ebd.)	„mhm (bejahend) bei tatsächlich körperlichen Ausfällen (...) durch Krankheit oder ähnliches (...) ist die Reaktion darauf/ was ist die Reaktion darauf? (...) erstmal immer ein kurzer Moment der Hilflosigkeit (..) bei einem Kleinunternehmen jede Person umso wichtiger ist (..) und dann die sofortige Neuüberarbeitung und der Planung von Projekten und den Einsatz der Mitarbeiter (...) bei geistigen Ausfällen: die erste Reaktion Unverständnis. (lachen) 'das war ja klar' und dann je nach dem ein scherzhaftes darauf hinweisen (...)“ B17 (113)	Wenn in mehreren aufeinander folgenden Sätzen längere Gesprächspausen sind.
26	Vermeidungsverhalten	„Eine weitere Auswirkung schneller Übererregbarkeit ist, dass sie einfach gemieden wird, ob bewusst oder unbewusst.“ (Ebd., S. 52)	„(...) Also ich würde die nicht mental analysieren. Also wenn ich aus sowas raus gehe (...) wie jetzt auch vorhin diese Situation, wo ich diese Situation wo ich diese Mitarbeiterversammlung da geleitet habe oder wenn ich solche (unv.) hab mit Mitarbeitern wo es bisschen mehr unter die Oberfläche geht sag ich mal so. Dann brauche ich eher, dass ich an die frische Luft gehe, dass ich spazieren gehe, dass ich tief durchatme, dass ich mit den Füßen auf den Boden stampfe sozusagen.“ B3 (216)	Vermeidungsverhalten entsprechend der Definition wird markiert.

Tabelle 32: Kodierleitfaden

	Kategorie (Indikator)	Definition	Ankerbeispiel	Kodierregel
Dimension: Typisches Verhalten (HSP). Kategorie: Emotionale Intensität				
27	Emotionale Reaktivität	„Sie neigen zu starken positive wie zu negativen Affekten in Situationen, in denen jeder ihre Gefühle teilen würde, aber vielleicht in geringerem Maße." (Ebd., S. 55)	„Ja, das sagte ich ja. HÖCHSTEMOTIONAL" B4 (254) „(...) (seufzen) (...) ich wäre ängstlich. Also allgemein sehr aufgeregt (...) ja, und würde mir ganz viele Sorgen machen so, worüber was das los ist und (...) würde durchaus nur bei mir gucken erstmal, aber das ist kein Gefühl." B5 (290)	Eindeutige Beschreibungen, ob und welche Emotion vorhanden war, werden kodiert.
28	Physische Äußerung	„Wenn Sie über ihre Probleme sprechen, neigen sie stärker zum Weinen." Wie sich Emotionen durch den Körper physisch äußern.	„Ich glaube, ich würde so ein bisschen so meine roten Flecken kriegen. So am Dekoltee/ Was von Nervosität wahrscheinlich spricht" B7 (250)	Berichte über die physische Äußerung von Emotionen.

Tabelle 32: Kodierleitfaden

	Kategorie (Indikator)	Definition	Ankerbeispiel	Kodierregel
29	Vermittlung von Veränderungen	„Ein weiteres beobachtbares Verhalten, das für diejenigen typisch ist, die hochsensibel sind, besteht darin, dass sie beim Auftreten starker Emotionen […] manchmal davon sprechen, dass sie in ihrem Leben dramatische Veränderungen vornehmen wollen […] aber tatsächlich ziehen sie normalerweise keine plötzlichen Änderungen durch.“ (Ebd.)	„(…) das hieße für mich als Konsequenz, dass ich mich erstmal in mein stilles Kämmerlein setzen würde und mir mal Gedanken machen würde, ob ich das ändern kann und ob das mit meiner Persönlichkeit vereinbar ist. Wenn ja, würde ich versuchen das zu verändern. Wenn nein, würde ich kündigen“ B1 (213)	Kodierung entsprechend der Definition.

Dimension: Typisches Verhalten (HSP). Kategorie: Sensorische Empfindlichkeit

30	Aufmerksamkeit	„Fast alle sensiblen Patienten werden sich erst einmal aufmerksam umschauen oder Sie selbst betrachten. […] Wenn Sie selbst Gegenstand der Betrachtung sind, fühlen Sie sich vielleicht gemustert, da die forschenden Augen Sie von Kopf bis Fuß betrachten.“ (Ebd., S. 59)	-	*Kann nicht kodiert/gemessen werden, da die Probanden nicht gesehen wurden.*

Tabelle 32: Kodierleitfaden

	Kategorie (Indikator)	Definition	Ankerbeispiel	Kodierregel
31	Äußeres Erscheinungsbild	„Im Allgemeinen tragen sie keine auffallende Kleidung. Sie haben vielleicht lange Ärmel oder eine Jacke, wenn das Wetter nur ein bisschen kühl ist, und erklären, es sei ihnen zu heiß, wenn es nur eine Spur zu warm ist. Im Normalfall achten sie eher sorgfältig auf ihre Kleidung und darauf, wie sie sich in einem Raum bewegen, statt nachlässig und locker herumzulaufen." (Ebd.)	-	*Kann nicht kodiert/gemessen werden, da die Probanden nicht gesehen wurden.*
32	Subtile Verhaltenssignale	„Diese Patienten können geradezu besessen erscheinen, was Lärm zu Hause oder am Arbeitsplatz angeht. Sie formulieren vielleicht das Ziel, aufs Land zu ziehen oder den Job aufzugeben, sei es wegen der Umgebung am Arbeitsplatz, wegen des zeitaufwendigen Pendelns, zu großer Verantwortung oder weil die Bürointrigen „einfach unerträglich" sind." (Ebd.)	„(...) ja das auf dem Weg dahin. Ich hätte, wenn der Straßenlärm noch gewesen wäre, das Fenster geschlossen (...) und das flackernde Licht war auf dem Weg dorthin." B2 (220)	Berichte von Reaktionen auf Überreizungen.

Tabelle 32: Kodierleitfaden

Anhang 6: Gegenüberstellung der Gruppen

HSFK	HSP-Wert	♂/♀ m/w	Alter	Berufsbezeichnung	Art der Organisation/ Branche	Anzahl MA in der Organisation	Direkt zu führende MA	Führungsspanne in Jahren	Führungsrelevante Schulungen	Anzahl Codings
B1	167	w	55	GF/ Unternehmer/ Beraterin	Antiquitätengewerbe/ Beratung	13	13	15	-	63
B2	173	**w**	56	KiTa-Leitung	KiTa in Gemeindeträgerschaft	200	16	7	Teamentwicklungs- und Leitungsseminare	70
B3	141	w	**46**	Bereichsleiterin Beratung	Wohlfahrtsverband	450	50	1	-	67
B4	148	m	50	Leiter Vertriebsteam/ Berater	Soft-/ Hardwarekonzern	100	6	2	-	73

Tabelle 33: Merkmale der HSFK-Gruppe

HSFK	HSP-Wert	♂/♀ m/w	Alter	Berufsbezeichnung	Art der Organisation/ Branche	Anzahl MA in der Organisation	Direkt zu führende MA	Führungsspanne in Jahren	Führungsrelevante Schulungen	Anzahl Codings
B5	155	w	42	Bereichsleiterin	Wohlfahrtverband	350	8	9	-	71
B10	170	w	44	HR Business Partner/ Berater	Örtliches Telekommunikationsunternehmen	900	20	8	Interne Trainings	71
B13	141	m	48	Programmleiter Logistik	Luft- und Raumfahrt	35	5	20	Trainee - Programm	42
B14	142	m	30	Offizier (Hörsaalleiter)	Militär/ Schule der Bundeswehr	XXXXX	35	3	Offizierlehrgänge und Weiterbildungen	42
B17	171	m	38	GF/ Unternehmer	Internetagentur	12	8	7	-	37

Tabelle 33: Merkmale der HSFK-Gruppe

Non-HSFK | HSP-Wert | ♂/♀ m/w | Al-ter | Berufsbe-zeichnung | Art der Organisati-on/ | Anzahl MA in der | Direkt zu füh-rende | Füh-rungs-spanne | Führungsre-levante Schulungen | Anzahl Codings

Non-HSFK	HSP-Wert	♂/♀ m/w	Al-ter	Berufsbe-zeichnung	Art der Organisati-on/ Branche	Anzahl MA in der Organi-sation	Direkt zu füh-rende MA	Füh-rungs-spanne in Jah-ren	Führungsre-levante Schulungen	Anzahl Codings
B12	134	m	38	GF/ Un-ternehmer/ Pro-jektmanag-er	IT - Unter-nehmensbe-ratung	250	18	16	-	43
B15	97	m	31	COO/ Un-ternehmer	Ecommerce	25	5	2,5	-	21
B16	120	w	27	Lei-tungsfunk-tion	Mutter-Kind-Einrichtung	80	12	1,3	ein externes Seminar für FK	37

Tabelle 34: Merkmale der Non-HSFK-Gruppe

B11	99	w	33	ternehmer-in	Designagen-tur	3	3	11	-	46

Tabelle 34: Merkmale der Non-HSFK-Gruppe

Printed by Printforce, the Netherlands